5단계
3학년 1학기 과정

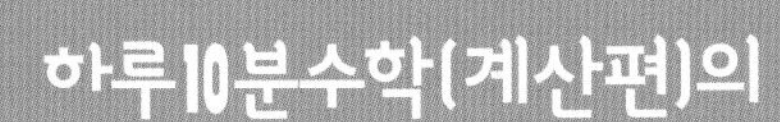

하루10분수학(계산편)의 소개

스스로 알아서 하는 하루10분수학으로 공부에 자신감을 가지자 !!!
스스로 공부 할 줄 아는 학생이 공부를 잘하게 됩니다.
책상에 앉으면 제일 처음 '하루10분수학'을 펴서 공부해 보세요.
기본적인 수학의 개념과 계산력 훈련은 집중력을 늘리게 되고
이 자신감으로 다른 학습도 하고 싶은 마음이 생길 것입니다.
매일매일 스스로 책상에 앉아서 연습하고 이어서 할 것을 계획하는 버릇이 생기면
비로소 자기주도학습이 몸에 배게 됩니다.

하루10분수학(계산편)의 활용

1. 아침 학교 가기 전 집에서 하루를 준비하세요.
2. 등교 후 1교시 수업 전 학교에서 풀고, 수업 준비를 완료하세요.
3. 하교 후 정한 시간에 책상에 앉고 제일 처음 이 교재를 학습하세요.

하루10분수학은 수학의 개념/원리 부분을 스스로 익혀
학교와 학원의 수업에서 이해가 빨리 되도록 돕고, 생각을 더 많이 할 수 있게 해 주는 교재입니다.
'1페이지 10분 100일 +8일 과정' 혹은 '5페이지 20일 속성과정'으로 이용하도록 구성되어 있습니다.
본문의 오랜지색과 검정색의 조화는 기분을 좋게하고, 집중력을 높이데 많은 도움이 됩니다.

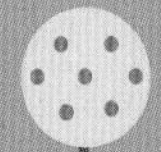

HAPPY

꿈을 향한 나의목표

화이팅!!

나는 (하)고 한

(이)가 될거예요!

공부의 목표

예체능의 목표

생활의 목표

건강의 목표

나의 목표를 꼼꼼히 세우고, 목표를 달성하기위해 노력해요^^

SMILE

목표를 향한 나의 실천계획

공부의 목표를 달성하기 위해

1.

2.

3.

할거예요.

예체능의 목표를 달성하기 위해

1.

2.

3.

할거예요.

생활의 목표를 달성하기 위해

1.

2.

3.

할거예요.

건강의 목표를 달성하기 위해

1.

2.

3.

할거예요.

나의 목표를 꼼꼼히 세우고, 목표를 달성하기위해 노력해요^^

HAPPY

꿈을 향한 나의 일정표

월

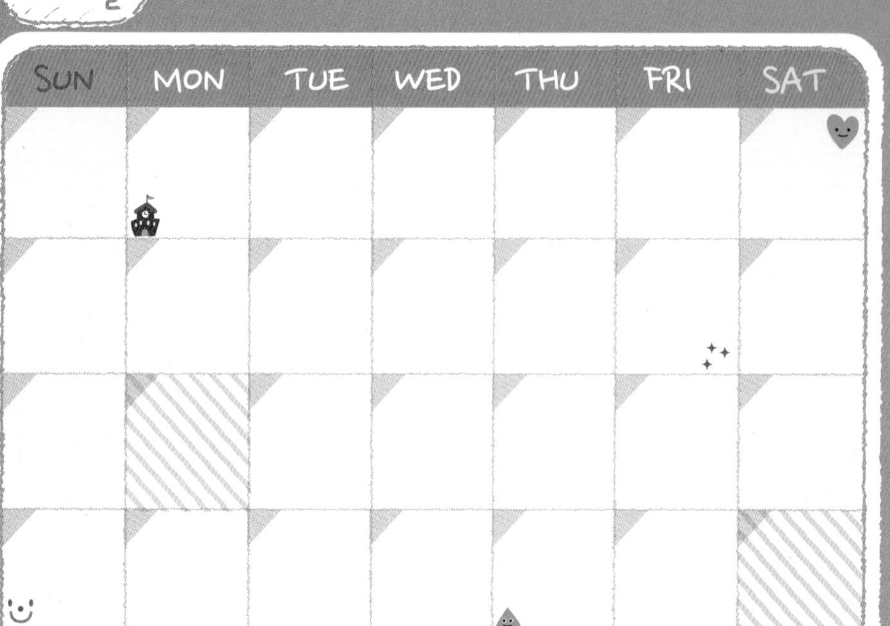

SUN	MON	TUE	WED	THU	FRI	SAT

메모 하세요!

-
-
-
-

월

SUN	MON	TUE	WED	THU	FRI	SAT

메모 하세요!

-
-
-
-

SMILE

꿈을 향한 나의 일정표

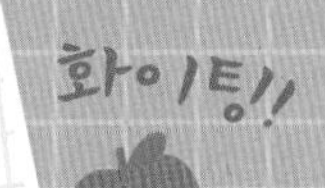

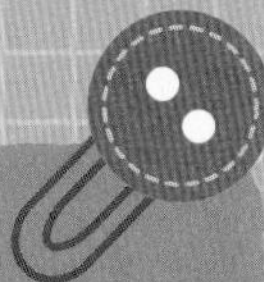

월

SUN	MON	TUE	WED	THU	FRI	SAT

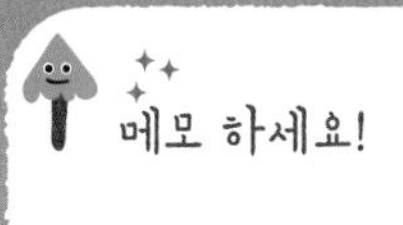

SUN	MON	TUE	WED	THU	FRI	SAT

하루10분수학(계산편)의 차례 ⑤

3학년 1학기 과정

1일 10분 100일 / 1일 50분 1개월 과정

※ 문제를 풀고난 후 틀린 점수를 적고 약한 부분을 확인하세요.

특별부록 : 총정리 문제 8회분 수록

하루10분수학(계산편)의 구성

1. 오늘 공부할 제목을 읽습니다.

2. 개념부분을 가능한 소리내어 읽으면서 이해합니다.

3. 개념부분을 참고하여 가능한 소리내어 읽으며 문제를 풉니다. 시작하기전 시계로 시간을 잽니다.

4. 다 풀었으면, 걸린시간을 적습니다. 정확히 풀다보면 빨라져요!!! 시간은 참고만^^

5. 스스로 답을 맞히고, 점수를 써 넣습니다. 틀린 문제는 다시 풀어봅니다.

6. 모두 끝났으면, 이어서 공부나 연습할 것을 스스로 정하고 실천합니다.

1 수 3개의 계산 (2)

월 일 / 분 초 / 19 문제 중 문제 맞았어!

4+1−3 의 계산

사과 4개에서 사과 1개를 더하면 사과 5개가 되고, 5개에서 3개를 빼면 사과는 2개가 됩니다.
이 것을 식으로 4+1−3=2 이라고 씁니다.

4+1−3의 계산은 처음 두개 4+1을 먼저 계산하고, 그 값에 뒤에 있는 −3를 계산하면 됩니다.

4 + 1 − 3 = 2 (4+1 → 5, 5−3 → 2)

※ 여러 개의 식이 붙어 있으면, 처음부터 한개 한개 계산합니다.

위의 내용을 생각해서 아래의 □에 알맞은 수를 적으세요.

1. 2 + 2 − 1 = □ (4, 3)
2. 4 + 3 − 5 = □
3. 5 + 4 − 2 = □
4. 3 + 0 − 3 = □
5. 2 + 3 − 3 = □
6. 5 + 2 − 4 = □
7. 4 + 1 − 2 = □
8. 8 + 1 − 0 = □
9. 5 + 2 − 6 = □
10. 3 + 4 − 5 = □
11. 1 + 6 − 3 = □
12. 4 + 6 − 4 = □

이어서 나는 □ 을(를) 공부/연습할거야!! 05

tip 교재를 완전히 펴서 사용해도 잘 뜯어지지 않습니다.

공부하는 습관 !

하루 10분 수학

배울 내용

5단계

3학년 1 학기 과정

01 받아 올림이 있는 두 자릿수+한 자릿수

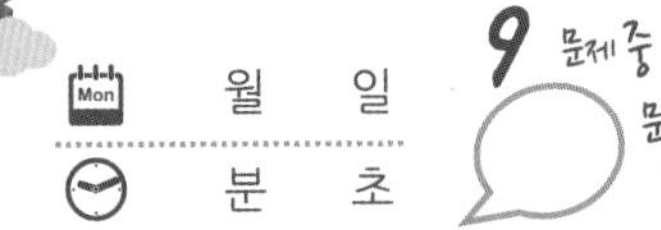

27 + 8의 계산 (십의 자리에 받아 올림 해주기)

앞의 수 27을 20과 7로 갈라 일의 자리를 먼저 더하고, 십의 자리를 더합니다.

27 + 8 — 27은 20 + 7 이므로
15 ① 7+8= — ① 7+8을 계산하고,
② 20+15= 35 — ② 20+15를 계산합니다.

27+8
= 20+7+8 → 27은 20 + 7 이므로
=① 20+15 → 8+7을 계산하고,
=② 35 → 20+15를 계산합니다.

아래 문제를 위와 같이 일의 자리 먼저 더하는 방법으로 계산해 보세요.

01. 35 + 6 = ☐
① ☐
② ☐

02. 48 + 5 = ☐
① ☐
② ☐

03. 57 + 4 = ☐
① ☐
② ☐

04. 24 + 8
= 20 + ☐ + 8
= 20 + ☐
= ☐

05. 68 + 9
= 60 + ☐ + 9
= ☐ + 17
= ☐

06. 47 + 7
= ☐ + ☐ + 7
= ☐ + ☐
= ☐

07. 17 + 5
= ☐ + ☐ + 5
= ☐ + ☐
= ☐

08. 36 + 6
= ☐ + ☐ + 6
= ☐ + ☐
= ☐

09. 58 + 9
= ☐ + ☐ + 9
= ☐ + ☐
= ☐

※ 16+9 와 같은 계산이 잘 안되면 이것 먼저 공부해야 합니다. (www.obook.kr의 자료실에 있는 계산 엑셀파일을 다운받아 연습하세요.)

02 받아 올림이 있는 한 자릿수+두 자릿수

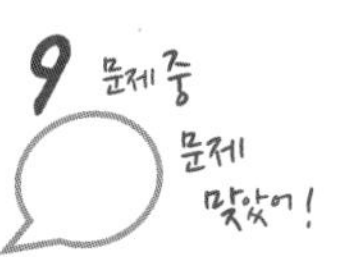

소리내 읽기 **9 + 24의 계산 (십의 자리에 받아 올림 해주기)**

뒤의 수 24를 4와 20(20과 4)로 갈라 일의 자리를 먼저 더하고, 십의 자리를 더합니다.

9 + 24 — 24는 20 + 4이므로

① 9+4= 13 — ① 9+4를 계산하고,

② 13+20= 33 — ② 13+20을 계산합니다.

$9+\boxed{24}$

$= 9+\boxed{4+20}$ → 24는 20 + 4 (4+20) 이므로

$=^{①} 13+20$ → 9+4를 계산하고,

$=^{②} 33$ → 13+20를 계산합니다.

소리내 풀기 아래 문제를 위와 같이 일의 자리 먼저 더하는 방법으로 풀어보세요.

01. 7 + 38 = ☐
① ☐
② ☐

02. 5 + 26 = ☐
① ☐
② ☐

03. 6 + 47 = ☐
① ☐
② ☐

04. 4 + 46
= 4 + ☐ + 40
= ☐ + 40
= ☐

05. 9 + 34
= 9 + ☐ + 30
= ☐ + 30
= ☐

06. 8 + 56
= 8 + ☐ + ☐
= ☐ + ☐
= ☐

07. 6 + 35
= 6 + ☐ + ☐
= ☐ + ☐
= ☐

08. 9 + 56
= 9 + ☐ + ☐
= ☐ + ☐
= ☐

09. 5 + 19
= 5 + ☐ + ☐
= ☐ + ☐
= ☐

※ 말을 할 때와 같이 글이나 수를 적을 때도 분명하게 누구나 알 수 있게 적어야 합니다. 빈칸에 정성 들여 꼼꼼히 적어 보세요^^

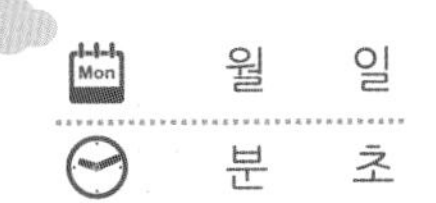

17 + 28의 계산 ① (일의 자리부터 더하고, 십의 자리 더하기)

뒤의 수 28을 8과 20으로 갈라 일의 자리부터 더하고, 십의 자리를 더합니다.

17 + 28 — 28은 8 + 20 이므로

① 17+8= 25 — ① 17+ 8을 계산하고,

② 25+20= 45 — ② 25+20을 계산합니다.

$17 + 28$

$= 17 + 8 + 20$ → 28은 8 + 20 이므로

$=^{①} 25 + 20$ → 17+ 8을 계산하고,

$=^{②} 45$ → 25+20을 계산합니다.

일의 자리의 합이 10이 넘는 두 자릿수의 덧셈을 계산해 보세요.

01. 35 + 16 = □
① □
② □

02. 14 + 28 = □
① □
② □

03. 26 + 37 = □
① □
② □

04. 28 + 16
= 28 + 6 + □
= □ + □
= □

05. 49 + 37
= 49 + □ + 30
= □ + □
= □

06. 37 + 25
= □ + □ + 20
= □ + □
= □

07. 19 + 24
= □ + □ + 20
= □ + □
= □

08. 28 + 33
= □ + □ + 30
= □ + □
= □

09. 57 + 17
= □ + □ + 10
= □ + □
= □

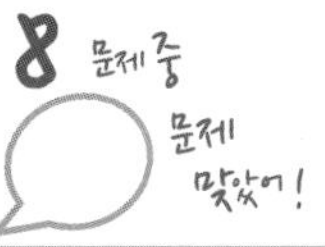

소리내 읽기

17 + 28의 계산 ② (각자의 자리끼리 더하기)

십의 자리 **끼리** 더하고, **일**의 자리 수**끼리** 더합니다.

1 7 + 2 8 — 17 = 10 + 7, 28 = 20 +8 이므로

①30 ②15 — ① 10+20과 ② 7+8을 계산해서

③45 — ③ 30+15를 계산합니다.

$17+28$

$= 10+7+20+8$ → 17 = 10 + 7, 28 = 20 +8 이므로

$=$ ①$30+$②$15$ → ① 10+20과 ② 7+8을 계산해서

$=$ ③$45$ → ③ 30+15를 계산합니다.

소리내 풀기

일의 자리끼리, 십의 자리끼리 더한 후 더 값을 더하는 방법으로 계산해 보세요.

01. $24 + 59 =$ ☐
① ☐ ② ☐
③ ☐

02. $35 + 47 =$ ☐
① ☐ ② ☐
③ ☐

03. $18 + 43 =$ ☐
① ☐ ② ☐
③ ☐

04. $36 + 26 = 30 +$ ☐ $+ 20 +$ ☐
$= 50 +$ ☐ $=$ ☐

05. $19 + 47 =$ ☐ $+ 9 +$ ☐ $+ 7$
$=$ ☐ $+ 16 =$ ☐

06. $26 + 29 =$ ☐ $+$ ☐ $+$ ☐ $+$ ☐
$=$ ☐ $+$ ☐ $=$ ☐

07. $34 + 58 =$ ☐ $+$ ☐ $+$ ☐ $+$ ☐
$=$ ☐ $+$ ☐ $=$ ☐

08. $15 + 39 =$ ☐ $+$ ☐ $+$ ☐ $+$ ☐
$=$ ☐ $+$ ☐ $=$ ☐

05 두 자릿수의 덧셈 (연습)

월 일
분 초

15 문제 중 문제 맞았

소리내 풀기 내가 편한 방법으로 아래 식을 계산하여 값을 적으세요.

01. $15+5=$ ☐

02. $39+3=$ ☐

03. $27+6=$ ☐

04. $6+24=$ ☐

05. $8+47=$ ☐

06. $33+27=$ ☐

07. $51+19=$ ☐

08. $25+36=$ ☐

09. $14+58=$ ☐

10. $47+44=$ ☐

11. $72+19=$ ☐

12. $54+26=$ ☐

13. $47+17=$ ☐

14. $73+18=$ ☐

15. $25+39=$ ☐

확인 (틀린 문제의 수를 적고, 약한 부분을 보충하세요.)

회차	틀린문제수
01 회	문제
02 회	문제
03 회	문제
04 회	문제
05 회	문제

생각해보기 (배운 내용이 모두 이해 되었나요?)

■ 모두 이해하고 자신있다. → 다음 회로 넘어 갑니다.

■ 1~2문제 틀릴 수는 있겠지만 거의 이해한다.
→ 개념부분을 한번 더 읽고 다음 회로 넘어 갑니다.

■ 잘 모르는 것 같다.
→ 개념부분과 틀린문제를 한번 더 보고 다음 회로 넘어 갑니다.

오답노트 (앞에서 틀린 문제나 기억하고 싶은 문제를 적습니다.)

회 번	
문제	풀이

회 번	
문제	풀이

회 번	
문제	풀이

회 번	
문제	풀이

회 번	
문제	풀이

06 두 자릿수의 세로 덧셈 (1)

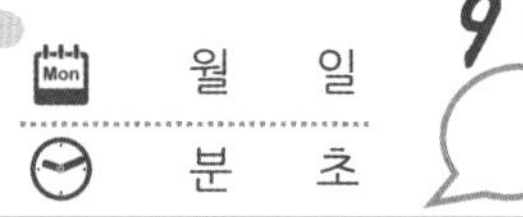

19 + 24 의 계산

① 19 + 24를 아래와 같이 적습니다.

	1	9
+	2	4

② 1의 자리 끼리 더해서 1의 자리에 적습니다.

1 ← 받아 올림 한 수

	1	9
+	2	4
		3

일의 자리 합이 10이 넘으면 십의 자리에 받아 올림 해줍니다.

③ 받아올림한 수와 십의 자리 수를 더합니다.

1

	1	9
+	2	4
	4	3

1+1+2

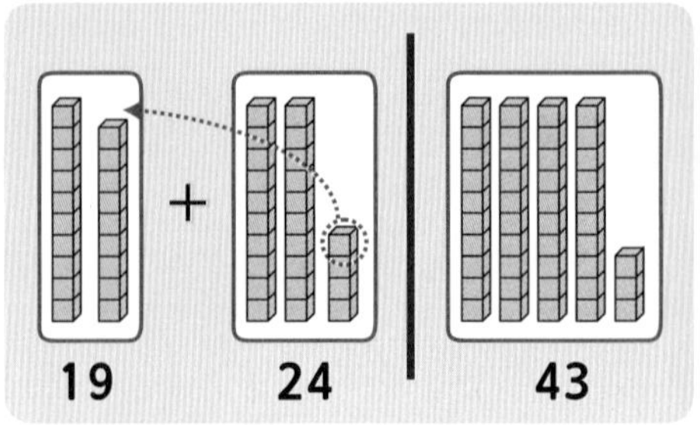

낱개의 합이 10이 넘으면 십의 자리로 받아 올림 해줍니다.

아래 문제를 밑으로 적어서 계산하고, 그 값을 문제의 옆에 적으세요.

01. 18+26=

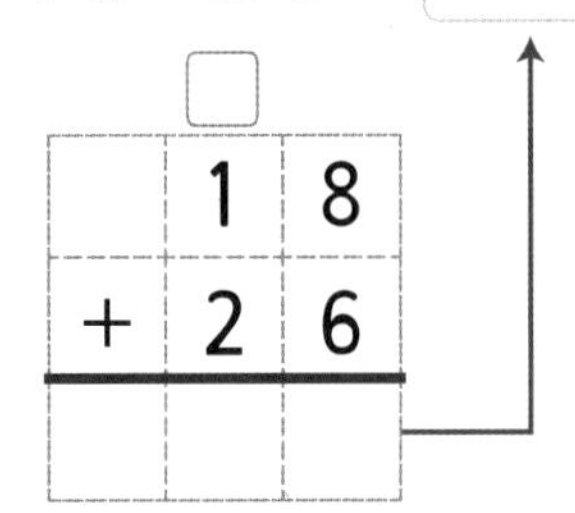

02. 29+25=

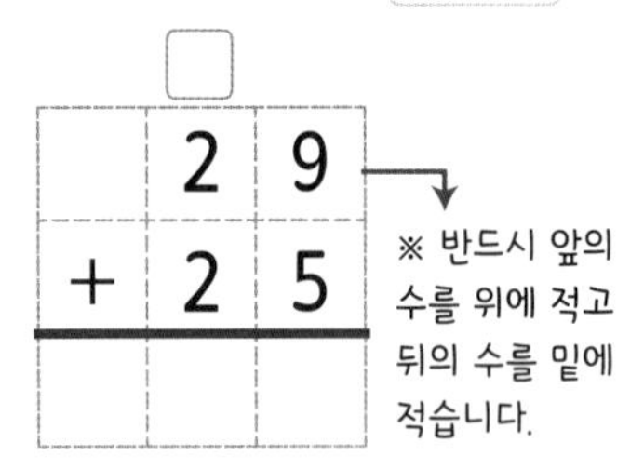

03. 37+45=

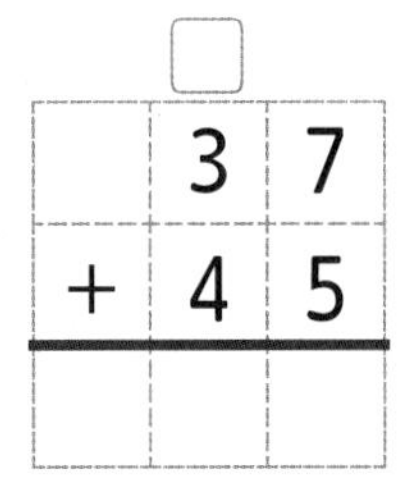

04. 65+18=

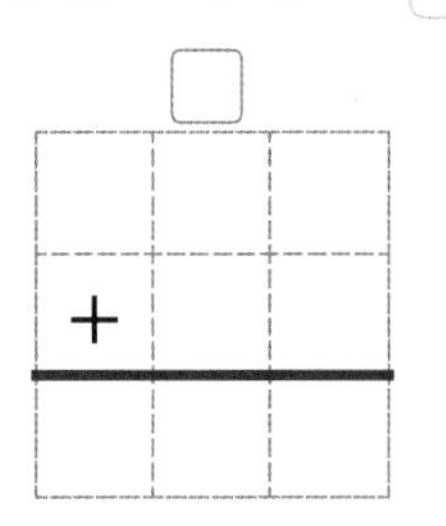

05. 36+24=

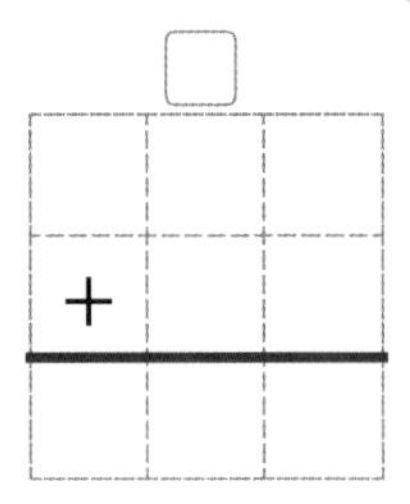

06. 59+36=

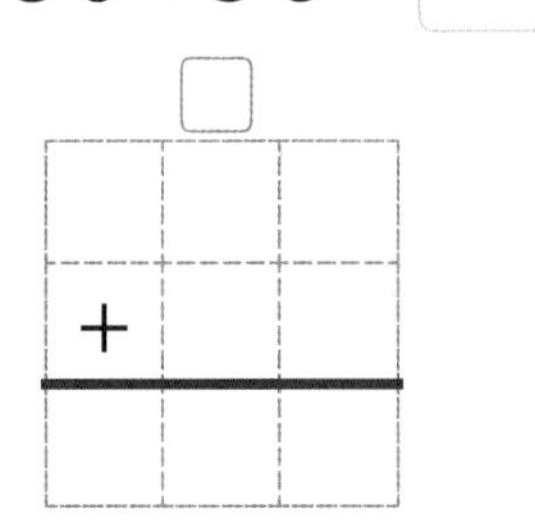

07. 37+43=

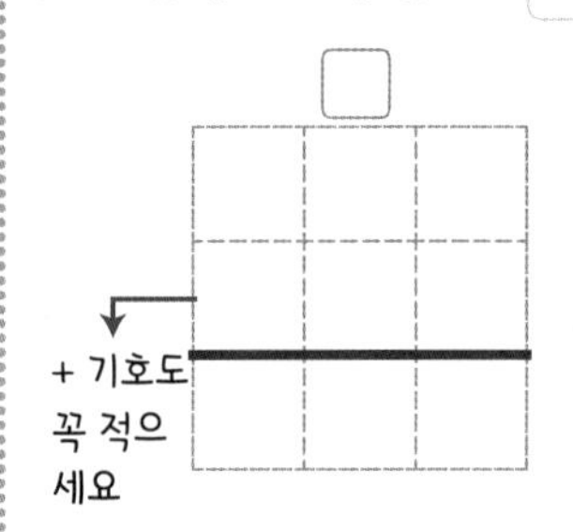

08. 19+72=

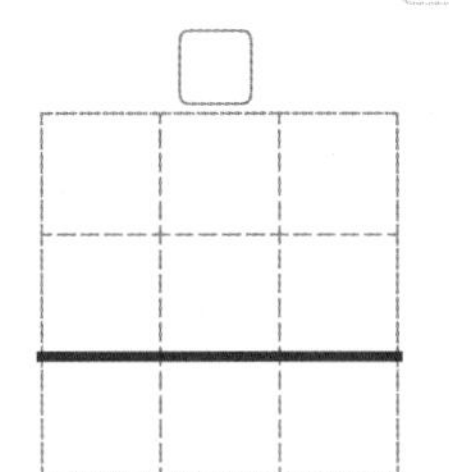

09. 44+39=

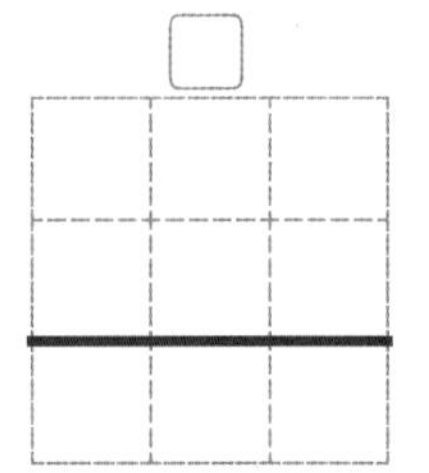

07 두 자릿수의 세로 덧셈 (연습1)

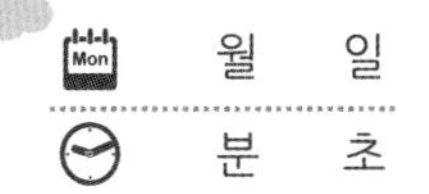

아래 문제를 밑으로 적어서 계산하고, 그 값을 문제의 옆에 적으세요.

01. 18+45=

	1	8
+	4	5

02. 27+46=

	2	7
+	4	6

03. 56+34=

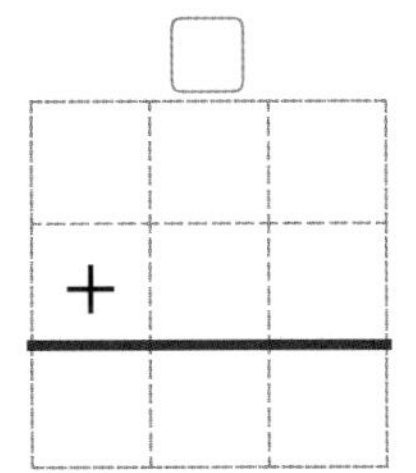

04. 29+27=

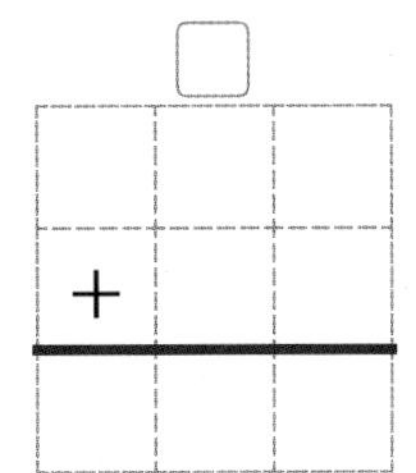

05. 36+54=

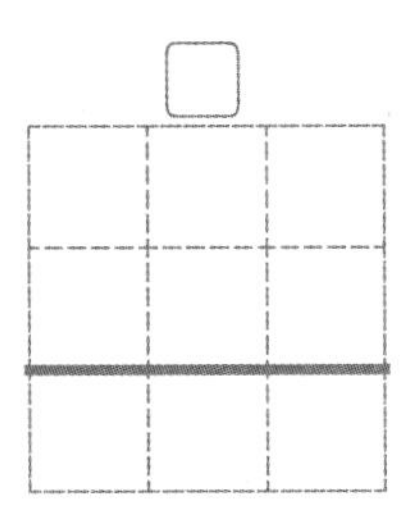

06. 15+46=

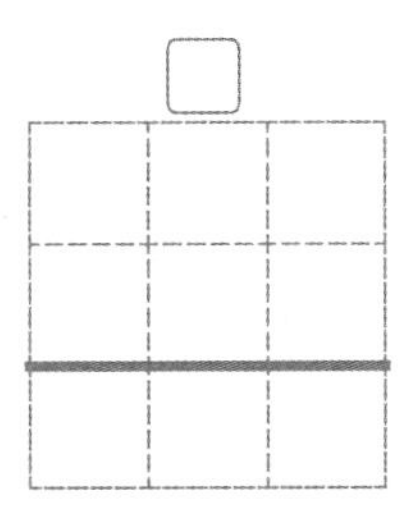

07. 38+28=

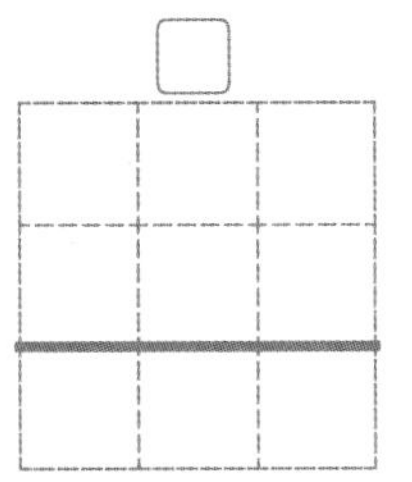

08. 49+37=

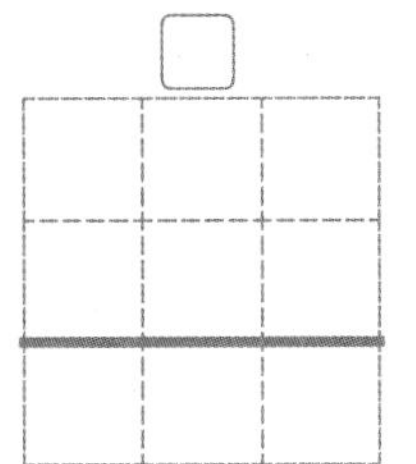

09. 17+34=

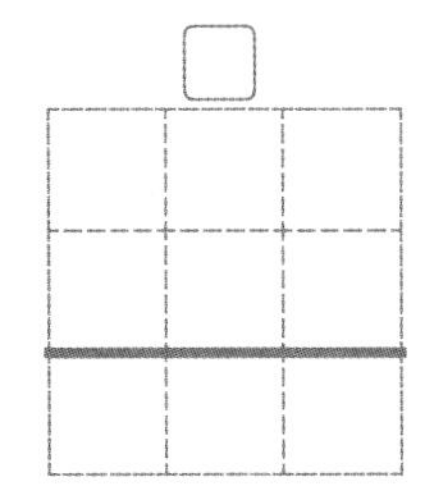

10. 29+48=

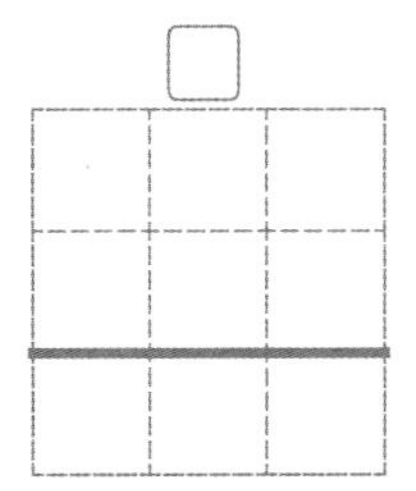

11. 65+19=

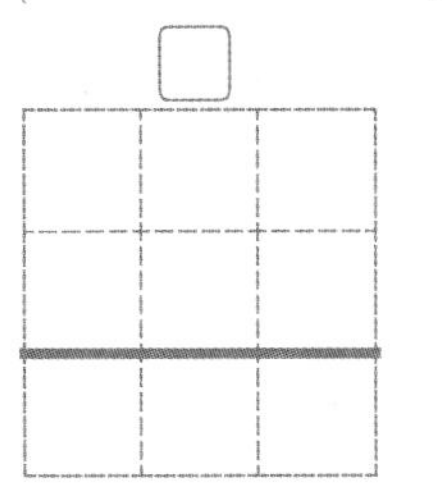

12. 38+56=

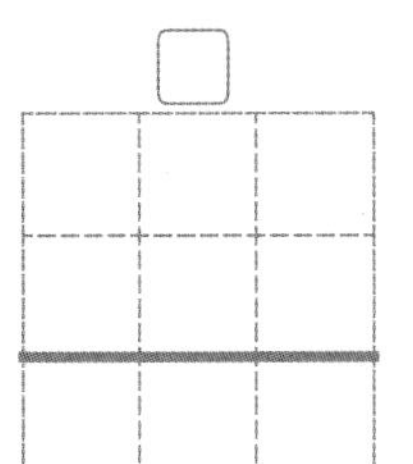

59 + 64 의 계산

① 59 + 64를 아래와 같이 적습니다.

② 1의 자리 끼리 더해서 1의 자리에 적습니다.

③ 받아올림한 수와 십의 자리 수를 더합니다.

	5	9
+	6	4

1 ← 받아 올림 한 수

	5	9
+	6	4
		3

일의 자리 합이 10이 넘으면 십의 자리에 받아 올림 해줍니다.

	1	
	5	9
+	6	4
1	2	3

십의 자리의 합이 10을 넘으면 백의 자리로 받아 올림 합니다.

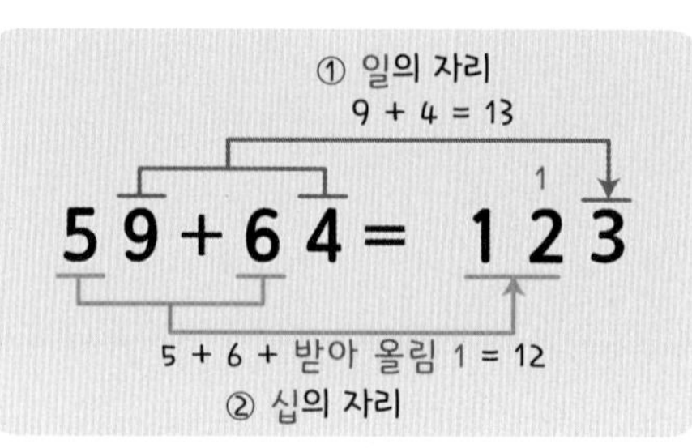

각 자리의 합이 10이 넘으면 위로 받아 올림 해줍니다.

식을 밑으로 적어서 계산하고, 값을 적으세요.

01. 78+73=

	7	8
+	7	3

02. 97+44=

	9	7
+	4	4

03. 65+58=

	6	5
+	5	8

04. 27+89=

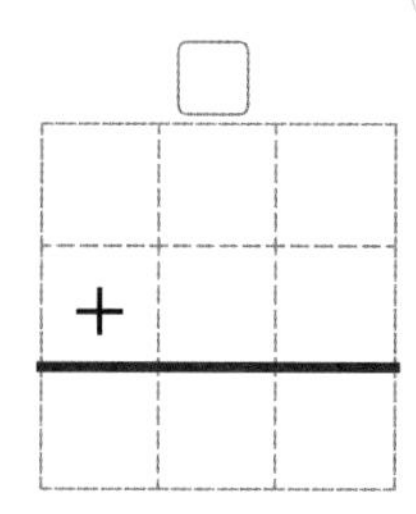

05. 46+76=

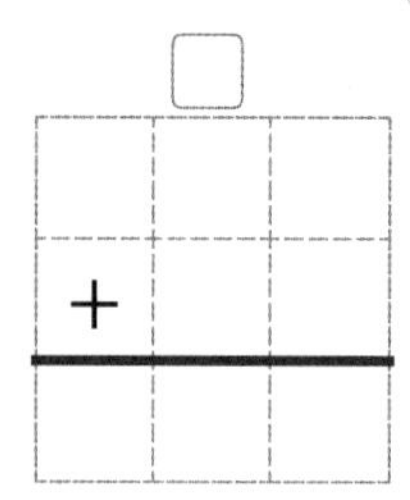

06. 88+68=

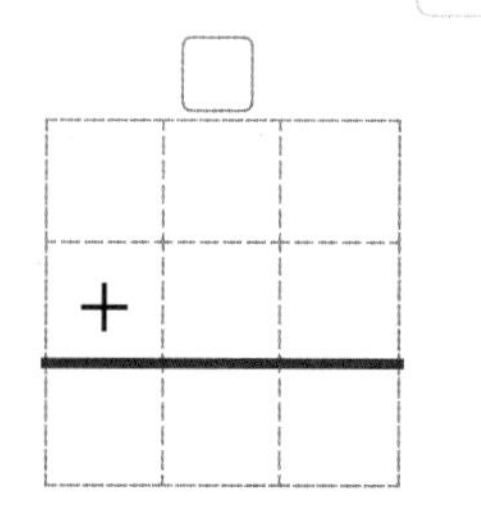

07. 53+49=

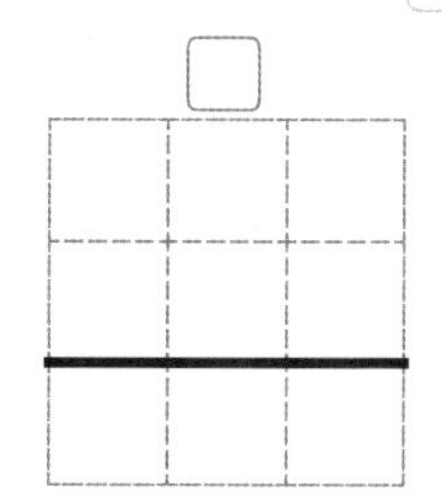

08. 64+38=

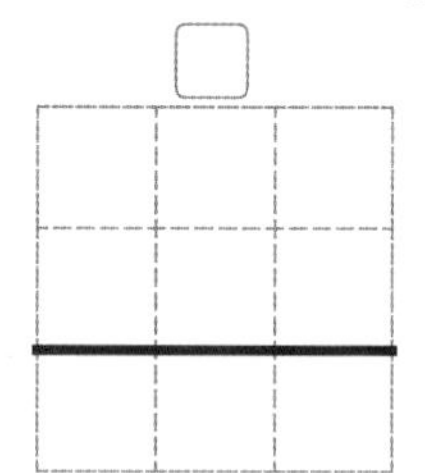

09. 45+77=

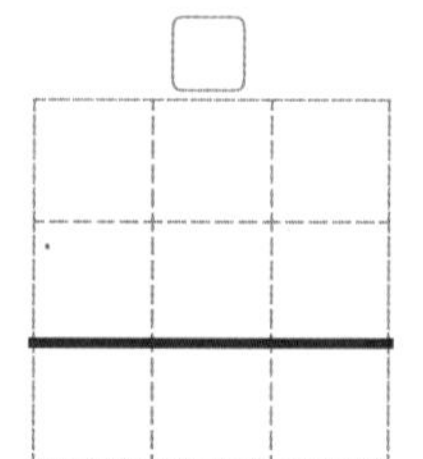

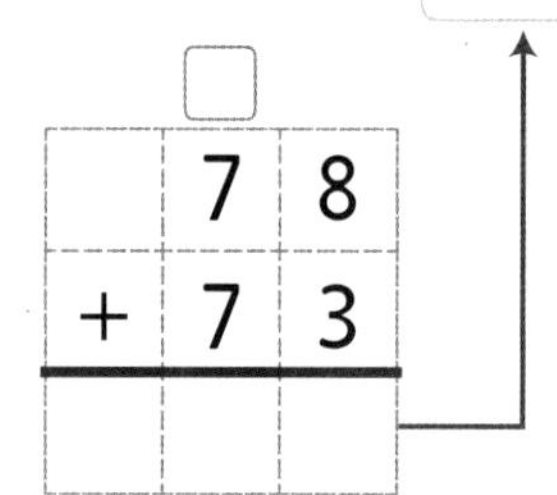

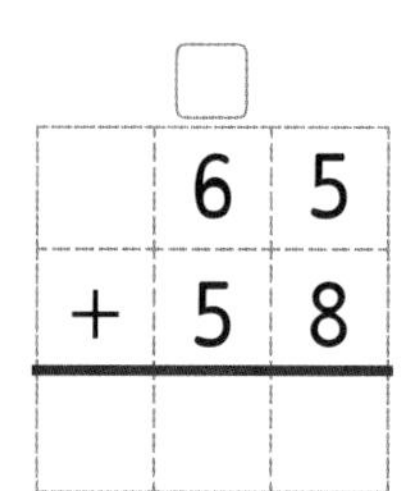

식을 밑으로 적어서 계산하고, 값을 적으세요.

01. 63+58=

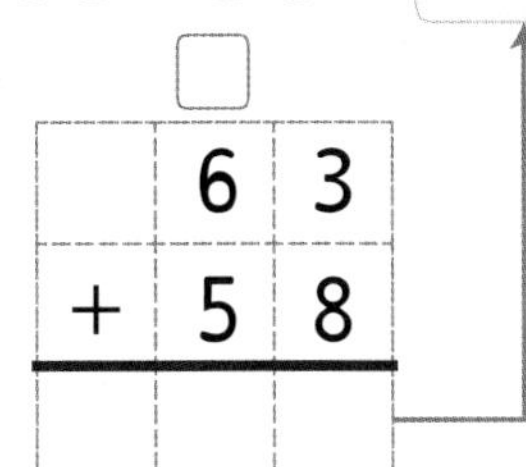

02. 59+75=

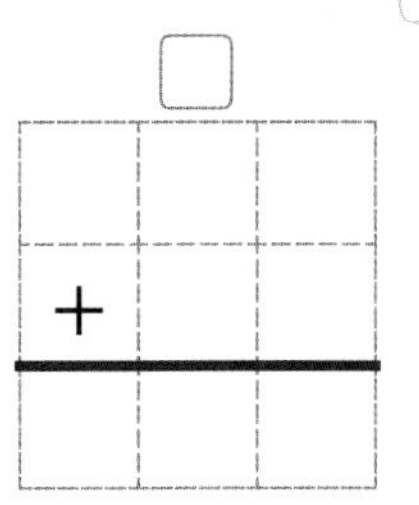

03. 64+46=

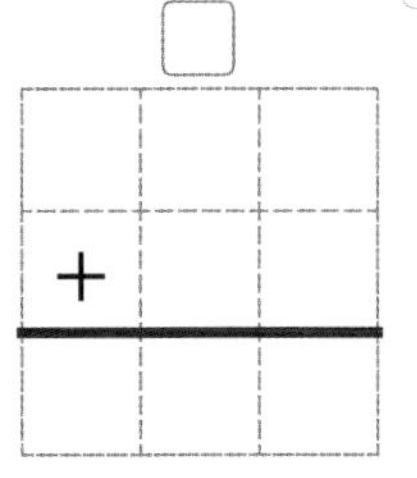

04. 37+97=

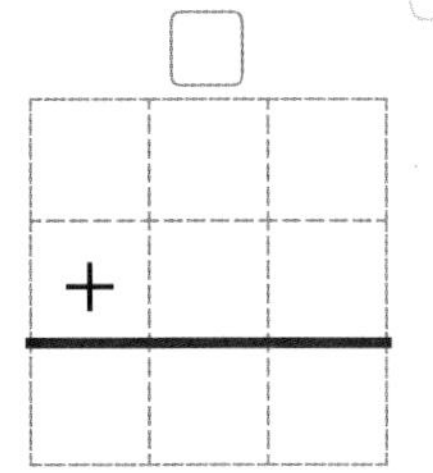

05. 85+89=

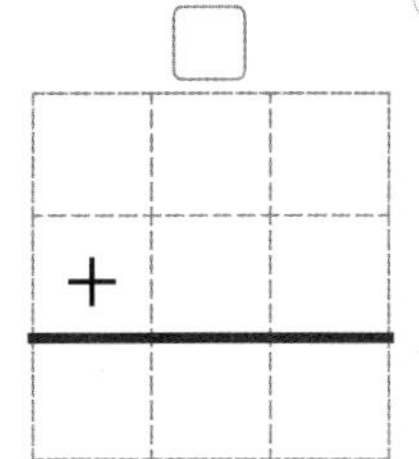

06. 79+25=

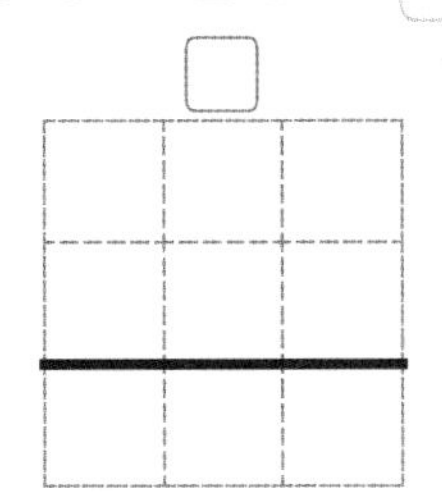

07. 83+17=

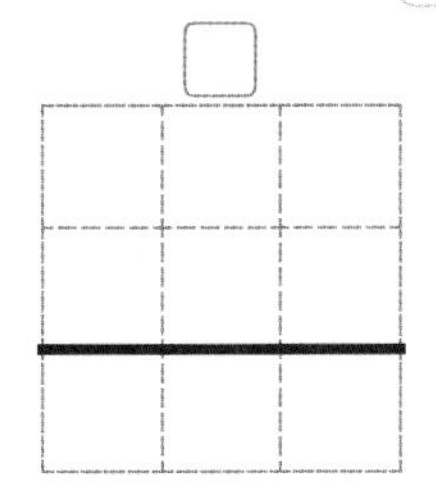

08. 64+39=

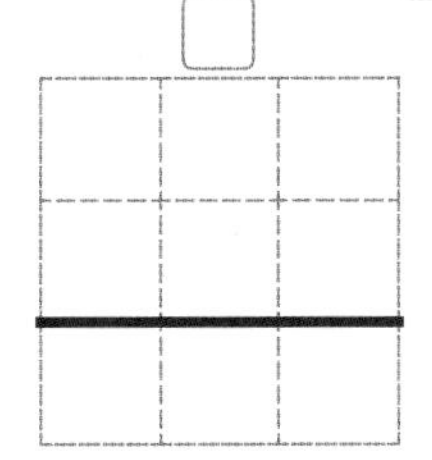

09. 48+54=

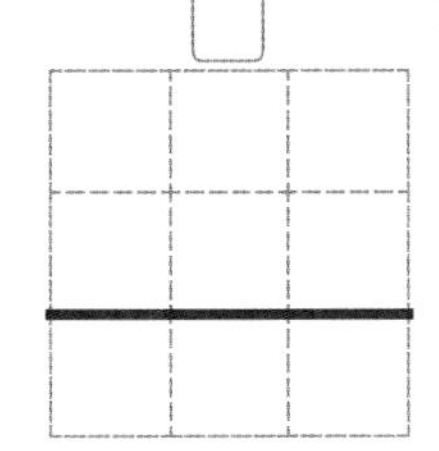

10. 56+68=

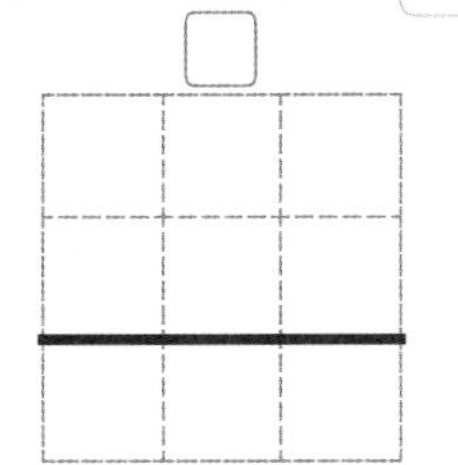

11. 95+45=

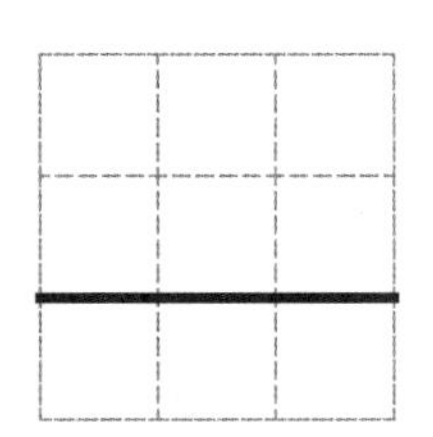

12. 84+79=

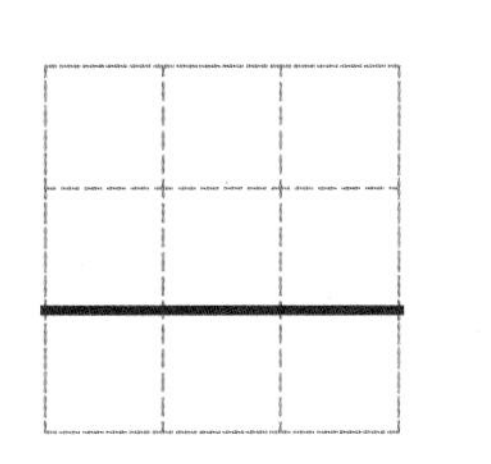

13. 73+58=

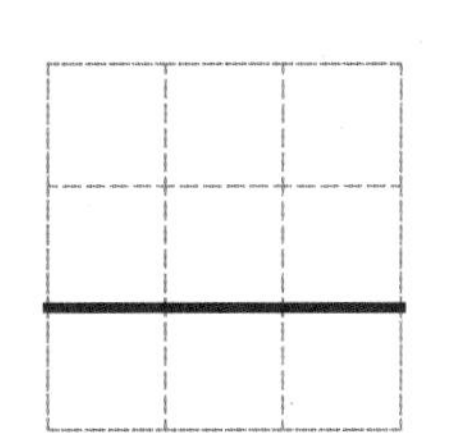

14. 46+85=

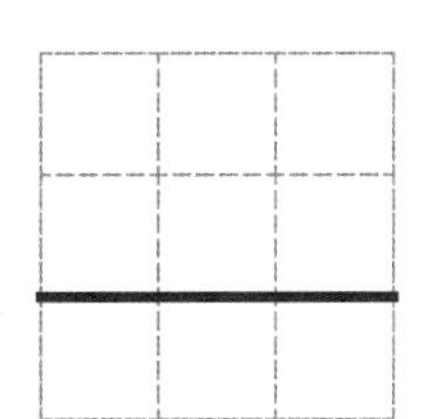

15. 99+27=

문제) 우리 학년에 남학생 수는 3월의 마지막 날짜의 수 보다 **29**명이 많습니다. 우리 학년 남학생은 모두 몇 명일까요?

풀이) 3월의 마지막 날짜 = 31 더 많은 수 = 29

남학생 수 = 3월의 마지막 날짜 + 더 많은 수 이므로

식은 31+29이고 값은 60명 입니다.

따라서 남학생은 모두 60명 입니다.

식) 31+29 답) 60명

아래의 문제를 풀어보세요.

01. 과수원에서 올해 사과를 **97**상자, 배는 **73**상자 팔았습니다. 사과와 배는 모두 몇 상자 팔았을까요?

풀이) 사과상자 수 = ☐ 상자

배 상자 수 = ☐ 상자

전체 상자수 = 사과 상자수 ☐ 배 상자수 이므로

식은 ☐ 이고

답은 ☐ 상자 입니다.

식) ________ 답) ☐ 상자

02. 강당에 의자가 **68**개 있습니다. 3학년이 모두 앉으려면 의자 **24**개를 더 놓아야 합니다. 3학년은 모두 몇 명일까요?

풀이) 현재 의자 수 = ☐ 개

더 필요한 수 = ☐ 개

전체 수 = 현재 의자 수 ☐ 더 필요한 수 이므로

식은 ☐ 이고

답은 ☐ 명 입니다.

식) ________ 답) ☐ 명

03. 지금까지 책을 **55**쪽 보았습니다. 다음 주까지 **36**쪽을 더 본다면, 모두 몇 쪽까지 보게 될까요?

(식 2점 답 1점)

풀이)

식) ________ 답) ☐ 쪽

04. 내가 문제를 만들어 풀어 봅니다. (두 자릿수 + 두 자릿수)

(문제 2점 식 2점 답 1점)

풀이)

식) ________ 답) ________

확인 (틀린 문제의 수를 적고, 약한 부분을 보충하세요.)

회차	틀린문제수
06 회	문제
07 회	문제
08 회	문제
09 회	문제
10 회	문제

생각해보기 (배운 내용이 모두 이해되었나요?)

■ 모두 이해하고 자신있다. → 다음 회로 넘어 갑니다.

■ 1~2문제 틀릴 수는 있겠지만 거의 이해한다.
→ 개념부분을 한번 더 읽고 다음 회로 넘어 갑니다.

■ 잘 모르는 것 같다.
→ 개념부분과 틀린문제를 한번 더 보고 다음 회로 넘어 갑니다.

오답노트 (앞에서 틀린 문제나 기억하고 싶은 문제를 적습니다.)

회 번	
문제	풀이

회 번	
문제	풀이

회 번	
문제	풀이

회 번	
문제	풀이

회 번	
문제	풀이

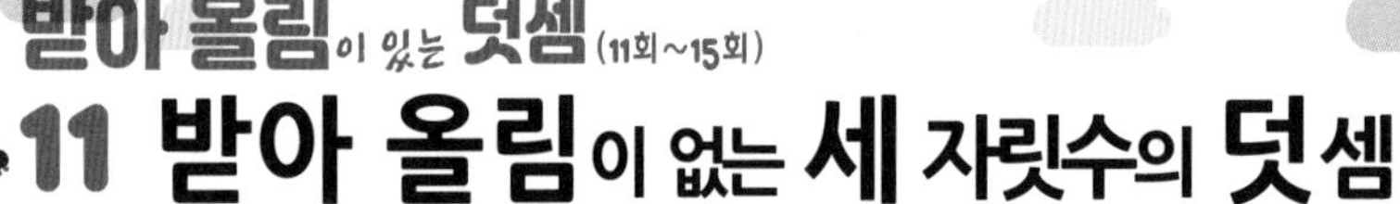

11 받아 올림이 없는 세 자릿수의 덧셈

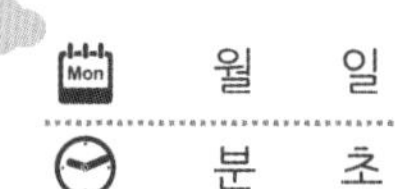

218+354의 계산 ① (각자의 자리 수끼리 더하기)

백의 자리부터 각자의 자리 수끼리 더하여 더한 값을 모두 더합니다.

2 1 8 + 3 5 4

① 500 ② 60 ③ 12

④ 560 ⑤ 572

① 백의 자리를 더합니다.
② 십의 자리를 더합니다.
③ 일의 자리를 더합니다.
④ ①과 ②를 더합니다.
⑤ ④와 ③을 더합니다.

218+354
= 200+300+10+50+8+4
= 500+60+12
= 560+12 = 572

각 자리 수끼리 더하는 방법으로 아래 문제를 풀어보세요.

01. 135+216= ☐

02. 423+518= ☐

03. 659+137= ☐

04. 135+216=100+30+5+ ☐ + ☐ + ☐
=100+ ☐ +30+ ☐ +5+ ☐
= ☐ + ☐ + ☐
= ☐ + ☐ = ☐

05. 423+518= ☐ + ☐ + ☐ +500+10+8
= ☐ +500+ ☐ +10+ ☐ +8
= ☐ + ☐ + ☐
= ☐ + ☐ = ☐

06. 659+137= ☐ + ☐ + ☐ + ☐ + ☐ + ☐
= ☐ + ☐ + ☐ + ☐ + ☐ + ☐
= ☐ + ☐ + ☐
= ☐ + ☐ = ☐

각 자리 수끼리 더하는 방법으로 아래 문제를 풀어보세요.

01. 206+547=

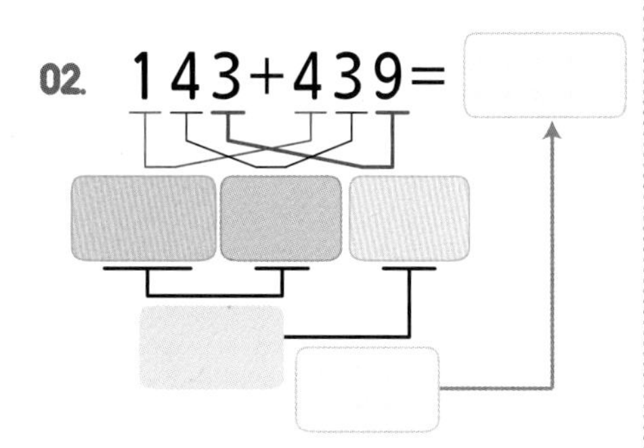

02. 143+439=

03. 336+126=

04. 425+258=

05. 314+456=300+10+4+ + +
=300+ +10+ +4+
= + +
= + =

06. 237+328= + + +300+20+8
= +300+ +20+ +8
= + +
= + =

07. 145+619= + + + + +
= + + + + +
= + +
= + =

08. 527+167= + + + + +
= + + + + +
= + +
= + =

13 받아 올림이 있는 세 자릿수의 덧셈

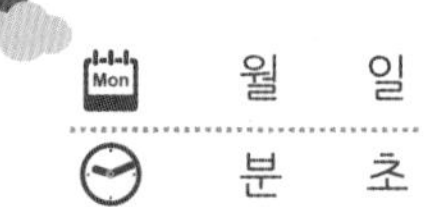

월 일
분 초

278+354의 계산 ② (각자의 자리 수끼리 바로 더하기)

일의 자리부터 각자의 자리 수끼리 더하여 받아 올림을 표시하고 바로 각자의 자리에 적습니다. (아래에서 받아 올림이 있으면 같이 더합니다.)

① 일의 자리 수를 더해 일의 자리에 적습니다. 받아 올림이 있으면 위에 표시합니다.	② 십의 자리 수를 더해 십의 자리에 적습니다. 받아 올림이 있으면 같이 더합니다.	③ 백의 자리 수를 더해 백의 자리에 적습니다. 받아 올림이 있으면 같이 더합니다.
278+354= (1) 2	278+354= (1)(1) 32	278+354=632
8+4=12	7+5+받아 올림1=13	2+3+받아 올림1=6

위와 같이, 일의 자리부터 더하고, 십의자리, 백의 자리까지 차례차례 더하는 방법으로 계산해 보세요.

01. 235+176=

02. 142+369=

03. 416+297=

04. 358+572=

05. 357+266=

06. 536+378=

07. 245+475=

08. 437+177=

09. 467+274=

10. 256+649=

11. 138+397=

12. 575+268=

※ 아무리 높은 숫자라도 일의 자리부터 차근 차근 계산하면 모든 계산이 가능합니다.

14 받아 올림이 있는 세 자릿수의 덧셈 (연습)

아래 식을 계산하여 값을 적으세요.

01. 423+277=

02. 489+314=

03. 273+458=

04. 645+297=

05. 286+257=

06. 198+494=

07. 548+362=

08. 494+206=

09. 185+768=

10. 466+379=

11. 527+273=

12. 185+425=

15 세 자릿수의 덧셈 (연습1)

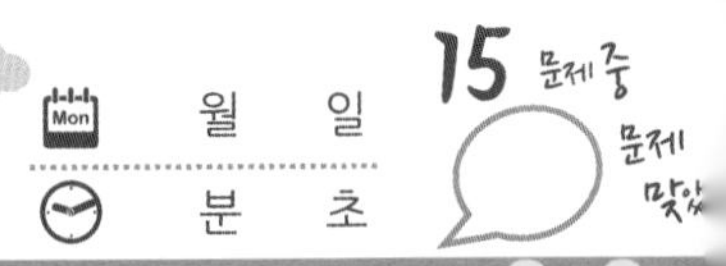

아래 식을 계산하여 값을 적으세요.

01. 732+9=

02. 849+5=

03. 453+7=

04. 196+8=

05. 477+6=

06. 294+16=

07. 558+55=

08. 784+56=

09. 404+98=

10. 589+44=

11. 284+177=

12. 244+658=

13. 632+279=

14. 468+458=

15. 145+376=

확인 (틀린 문제의 수를 적고, 약한 부분을 보충하세요.)

회차	틀린문제수
11 회	문제
12 회	문제
13 회	문제
14 회	문제
15 회	문제

생각해보기 (배운 내용이 모두 이해되었나요?)

■ 모두 이해하고 자신있다. → 다음 회로 넘어 갑니다.

■ 1~2문제 틀릴 수는 있겠지만 거의 이해한다.
→ 개념부분을 한번 더 읽고 다음 회로 넘어 갑니다.

■ 잘 모르는 것 같다.
→ 개념부분과 틀린문제를 한번 더 보고 다음 회로 넘어 갑니다.

오답노트 (앞에서 틀린 문제나 기억하고 싶은 문제를 적습니다.)

회	번
문제	풀이

회	번
문제	풀이

회	번
문제	풀이

회	번
문제	풀이

회	번
문제	풀이

16 세 자릿수의 세로 덧셈 (1)

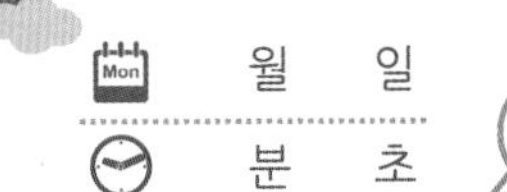

524 + 312 의 계산

① 524+312를 아래와 같이 적습니다.

	5	2	4
+	3	1	2

② 일의 자리끼리 더해 줍니다.

	5	2	4
+	3	1	2
			6

③ 십의 자리끼리 더해줍니다.

	5	2	4
+	3	1	2
		3	6

④ 백의 자리끼리 더해줍니다.

	5	2	4
+	3	1	2
	8	3	6

식을 밑으로 적어서 계산하고, 값을 적으세요.

01. 124+253= ☐

	1	2	4
+	2	5	3

02. 312+173= ☐

	3	1	2
+	1	7	3

03. 209+240= ☐

	2	0	9
+	2	4	0

04. 426+160= ☐

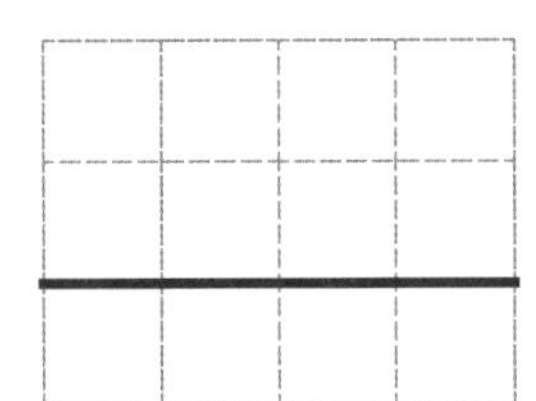

05. 320+347= ☐

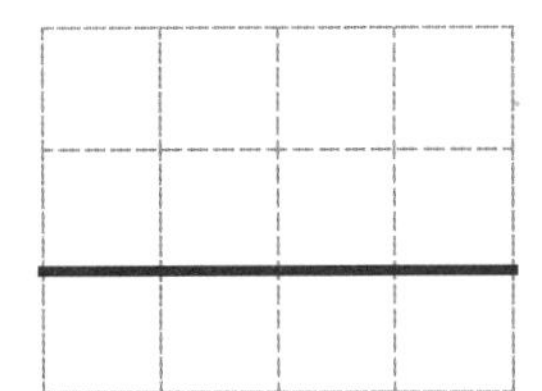

06. 542+221= ☐

07. 613+305= ☐

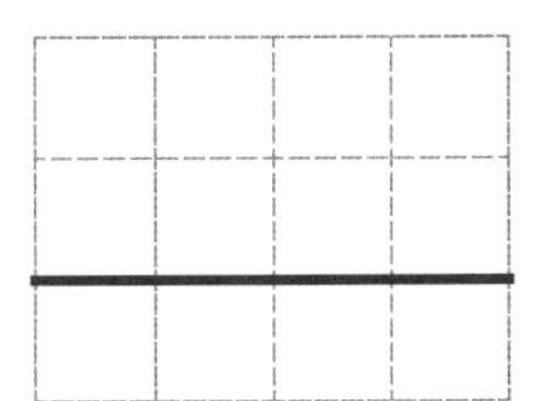

08. 353+532= ☐

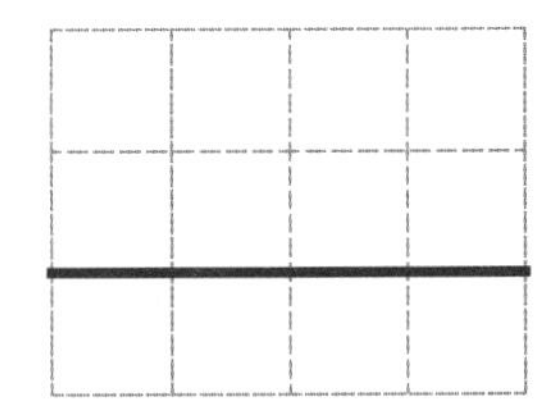

09. 547+241= ☐

17 세 자릿수의 세로 덧셈 (연습1)

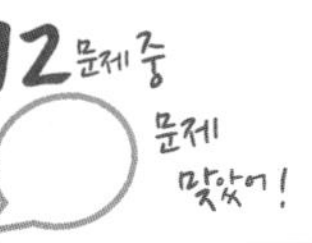

식을 밑으로 적어서 계산하고, 값을 적으세요.

01. 224+452=

	2	2	4
+	4	5	2

02. 132+243=

	1	3	2
+	2	4	3

03. 440+127=

	4	4	0
+	1	2	7

04. 345+303=

	3	4	5
+	3	0	3

05. 411+348=

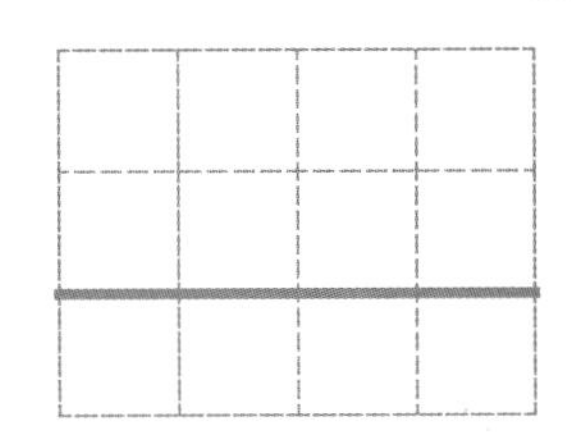

06. 663+124=

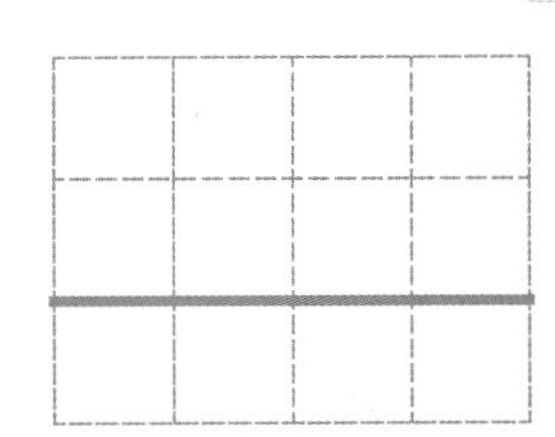

07. 350+246=

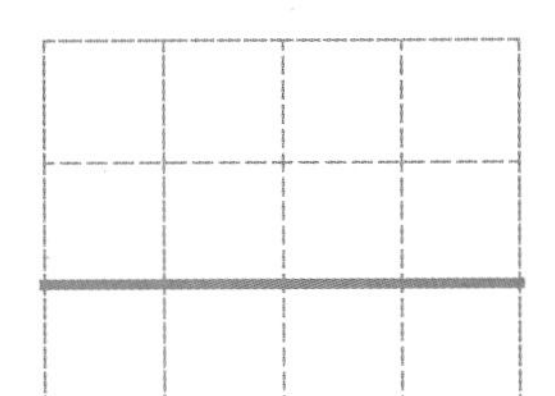

08. 457+321=

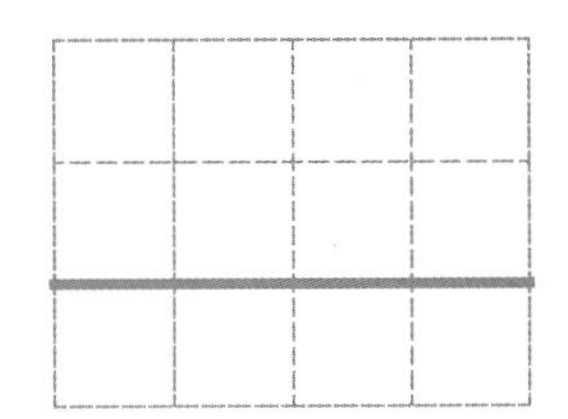

09. 532+135=

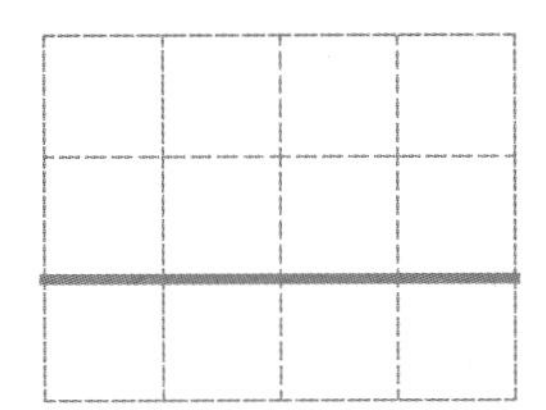

10. 714+263=

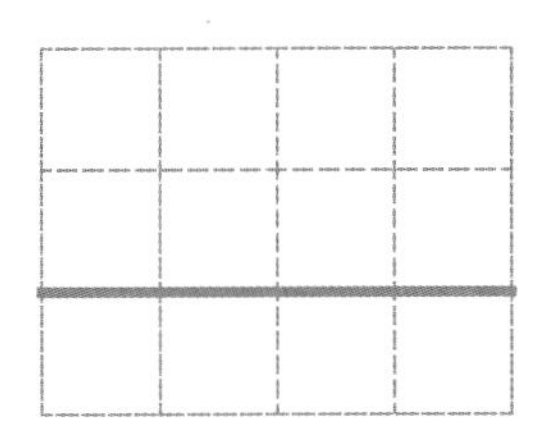

11. 641+130=

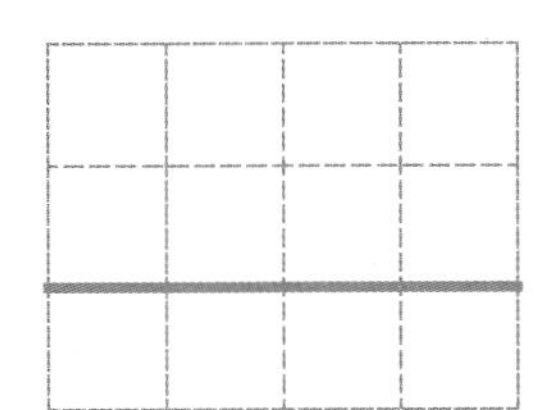

12. 516+483=

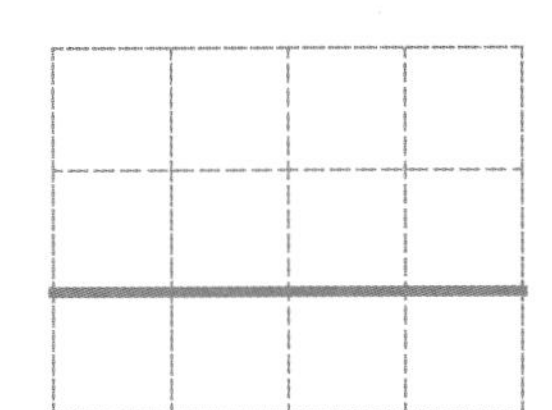

소리내 읽기

568 + 374 의 계산

① 568+374를 아래와 같이 적습니다.

	5	6	8
+	3	7	4

자리에 맞게 적습니다.

② 일의 자리끼리 더해줍니다.

		1	
	5	6	8
+	3	7	4
			2

8+4=12
10이 넘으면 받아 올림 합니다.

③ 십의 자리끼리 더해줍니다.

	1	1	
	5	6	8
+	3	7	4
		4	2

6+7+받아 올림 한 1=14
10이 넘으면 받아 올림 합니다.

④ 백의 자리끼리 더해줍니다.

	1	1	
	5	6	8
+	3	7	4
	9	4	2

5+3+받아 올림 한 1=9

식을 밑으로 적어서 계산하고, 값을 적으세요.

01. 337+275=

	3	3	7
+	2	7	5

02. 173+388=

	1	7	3
+	3	8	8

03. 407+193=

	4	0	7
+	1	9	3

04. 254+346=

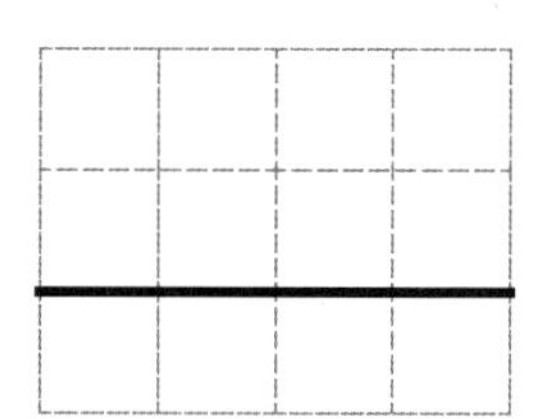

05. 664+138=

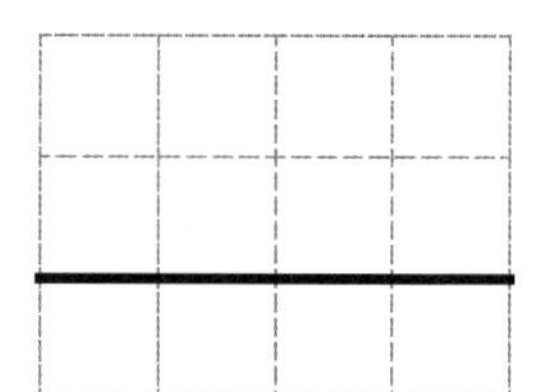

06. 523+287=

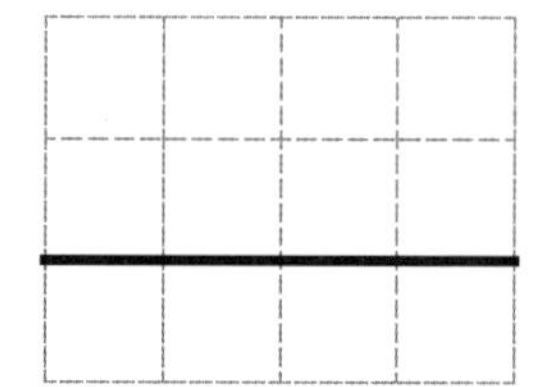

07. 465+175=

08. 358+452=

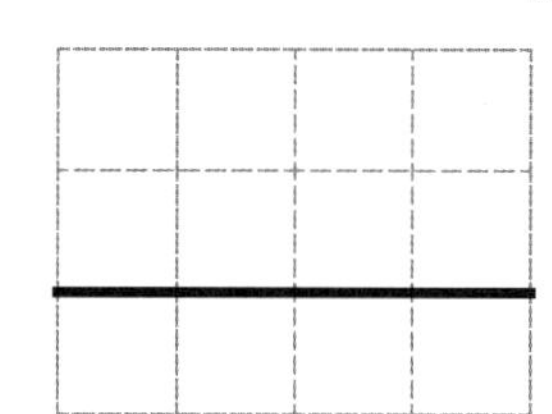

09. 207+596=

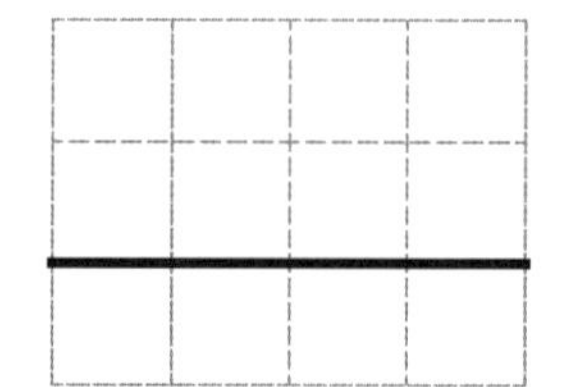

19 세 자릿수의 세로 덧셈 (연습2)

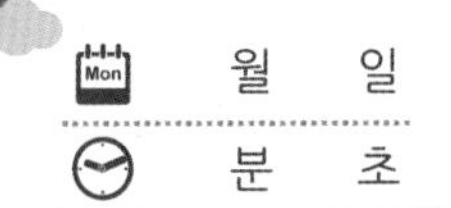

식을 밑으로 적어서 계산하고, 값을 적으세요.

01. 153+378=

	1	5	3
+	3	7	8

02. 277+363=

	2	7	7
+	3	6	3

03. 258+252=

	2	5	8
+	2	5	2

04. 448+277=

	4	4	8
+	2	7	7

05. 256+564=

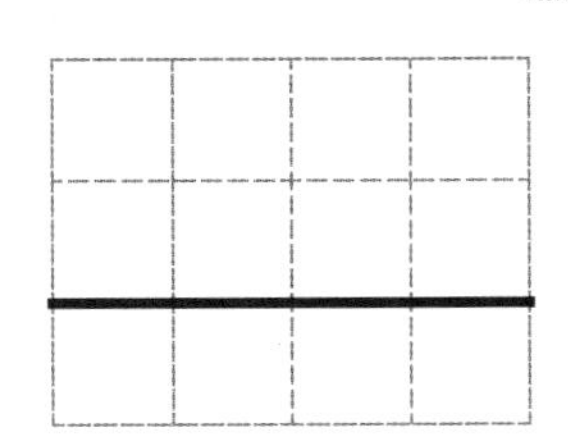

06. 708+198=

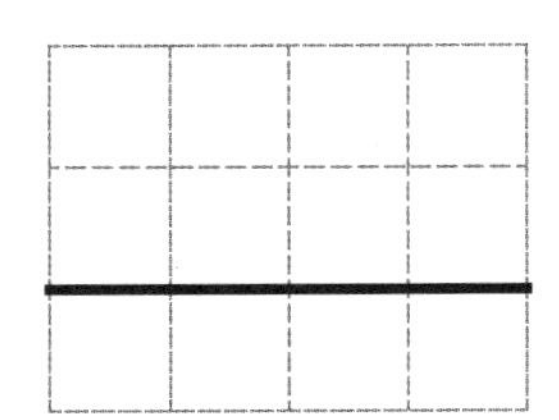

07. 362+449=

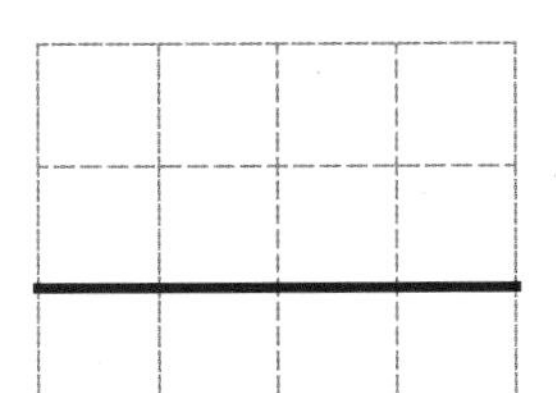

08. 524+297=

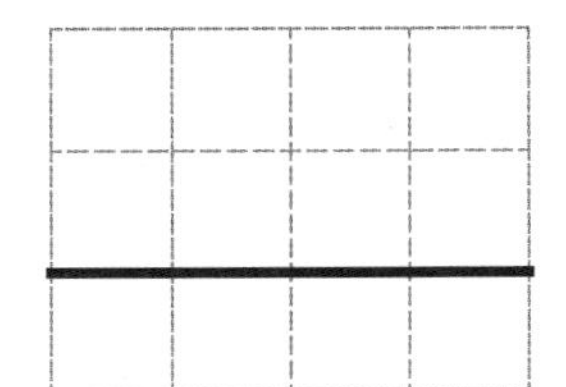

09. 387+245=

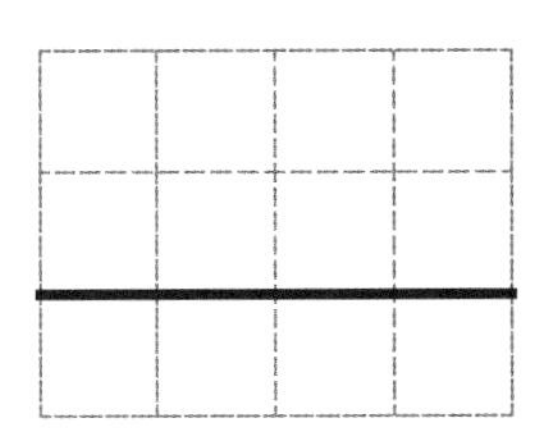

10. 564+136=

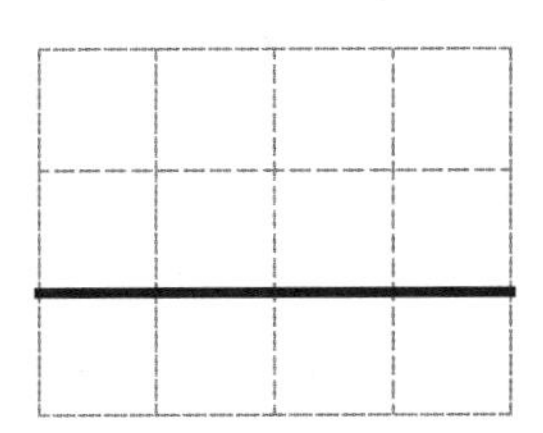

11. 143+378=

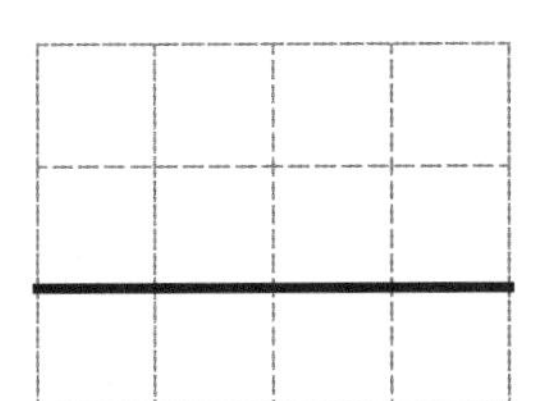

12. 217+585=

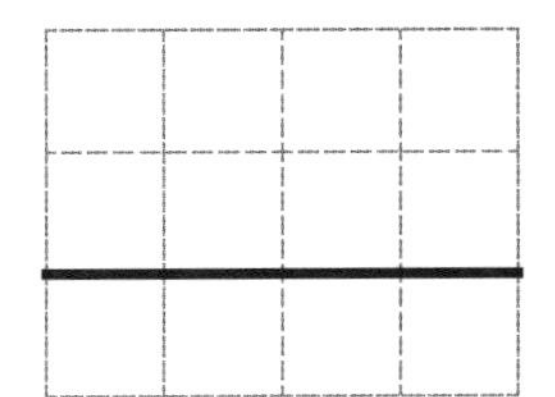

월 일
분 초

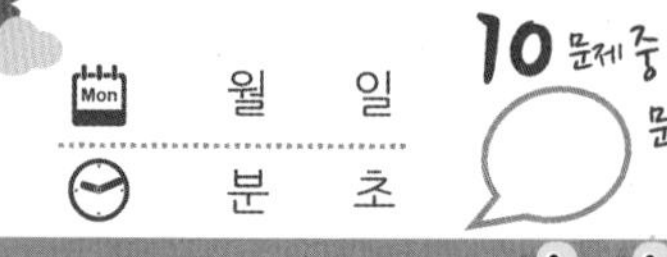

문제) 우리학교 전교생은 남학생이 **487**명, 여학생은 **512**명이 있습니다. 우리 학년은 모두 몇 명일까요?

풀이) 남학생 수 = 487　여학생 수 = 512
전체 학생 수 = 남학생 수 + 여학생 수 이므로
식은 487+512 이고 값은 999명 입니다.
따라서 학생은 모두 999명 입니다.

식) 487+512　답) 999명

학생 수
남학생 487명 | 여학생 512명
모두 ?명

아래의 문제를 풀어보세요.

01. 저번 시험점수를 모두 합하니 **398**점을 받았습니다. 이번은 **44**점 올랐습니다. 이번 시험은 몇점을 받았을까요?

풀이) 저번 시험 점수 = ☐ 점
오른 시험 점수 = ☐ 점
이번 시험 점수 = 저번 점수 ☐ 오른 점수 이므로
식은 ☐ 이고
답은 ☐ 점 입니다.

식) ________　답) ☐ 점

02. 종이학 접기를 하고 있습니다. 저번주까지 **237**개를 접었고, 이번주에 **168**개를 접었다면, 모두 몇 개를 접었을까요?

풀이) 저번주까지 접은 수 = ☐ 개
이번주에 접은 수 = ☐ 개
전체 수 = 저번주까지 접은 수 ☐ 이번주에 접은 수
이므로 식은 ☐ 이고
답은 ☐ 개 입니다.

식) ________　답) ☐ 개

03. 학교 앞 생태조사를 했더니 노란꽃 **138**송이, 빨간꽃 **124**송이가 핀 것을 알았습니다. 노란꽃과 빨간꽃은 모두 몇 송이 피었을까요? (식 2점 답 1점)

풀이)

식) ________　답) ☐ 송이

04. 내가 문제를 만들어 풀어 봅니다. (세 자릿수 + 세 자릿수)

풀이) (문제 2점 식 2점 답 1점)

식) ________　답) ________

확인 (틀린 문제의 수를 적고, 약한 부분을 보충하세요.)

회차	틀린문제수
16 회	문제
17 회	문제
18 회	문제
19 회	문제
20 회	문제

오답노트 (앞에서 틀린 문제나 기억하고 싶은 문제를 적습니다.)

회 번	
문제	풀이

회 번	
문제	풀이

회 번	
문제	풀이

회 번	
문제	풀이

회 번	
문제	풀이

생각해보기 (배운 내용이 모두 이해되었나요?)

■ 모두 이해하고 자신있다. → 다음 회로 넘어 갑니다.

■ 1~2문제 틀릴 수는 있겠지만 거의 이해한다.
→ 개념부분을 한번 더 읽고 다음 회로 넘어 갑니다.

■ 잘 모르는 것 같다.
→ 개념부분과 틀린문제를 한번 더 보고 다음 회로 넘어 갑니다.

21 세 자릿수의 덧셈 (연습2)

월 일
분 초

15 문제 중 문제 맞았

아래 식을 계산하여 값을 적으세요.

01. 465+219=

02. 129+354=

03. 514+125=

04. 272+284=

05. 365+455=

06. 304+267=

07. 545+159=

08. 784+118=

09. 254+589=

10. 486+446=

11. 725+174=

12. 348+265=

13. 619+179=

14. 733+186=

15. 257+394=

※ 받아 올림이 없는 것도 있습니다. 꼼꼼히 계산해 봅니다.

22 세 자릿수의 덧셈 (연습3)

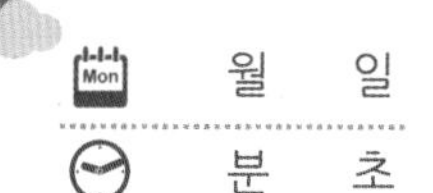

받아 올림에 주의하여 계산해 보세요.

01.

	4	0	9
+	2	9	9

02.

	1	7	8
+	3	1	6

03.

	2	5	6
+	5	9	9

04.

	2	8	9
+	3	7	0

05.

	4	9	8
+	2	0	7

06.

	3	6	8
+	1	7	3

07.

	2	3	8
+	4	2	5

08.

	7	4	3
+	1	6	8

09.

	2	4	6
+	5	6	7

10.

	4	8	8
+	4	5	4

11.

	2	0	5
+	4	8	4

12.

	2	7	2
+	6	3	8

13.

	3	6	5
+	3	6	5

14.

	1	0	5
+	5	9	8

15.

	6	5	7
+	1	5	7

23 세 자릿수의 덧셈 (연습4)

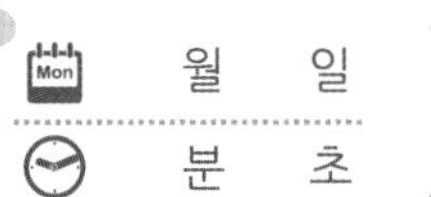

월 일
분 초

아래 식을 계산하여 값을 적으세요.

01. 159+676=

02. 582+359=

03. 228+405=

04. 477+236=

05. 484+227=

06. 283+624=

07. 387+544=

08. 549+132=

09. 255+273=

10. 444+389=

11. 253+489=

12. 172+375=

13. 578+273=

14. 324+197=

15. 129+318=

24 세 자릿수의 덧셈 (연습5)

월 일
분 초

받아 올림에 주의하여 계산해 보세요.

01. $\begin{array}{r} 278 \\ +\ 169 \\ \hline \end{array}$

02. $\begin{array}{r} 204 \\ +\ 359 \\ \hline \end{array}$

03. $\begin{array}{r} 325 \\ +\ 545 \\ \hline \end{array}$

04. $\begin{array}{r} 332 \\ +\ 378 \\ \hline \end{array}$

05. $\begin{array}{r} 257 \\ +\ 365 \\ \hline \end{array}$

06. $\begin{array}{r} 149 \\ +\ 277 \\ \hline \end{array}$

07. $\begin{array}{r} 182 \\ +\ 193 \\ \hline \end{array}$

08. $\begin{array}{r} 296 \\ +\ 526 \\ \hline \end{array}$

09. $\begin{array}{r} 289 \\ +\ 458 \\ \hline \end{array}$

10. $\begin{array}{r} 436 \\ +\ 375 \\ \hline \end{array}$

11. $\begin{array}{r} 319 \\ +\ 662 \\ \hline \end{array}$

12. $\begin{array}{r} 255 \\ +\ 168 \\ \hline \end{array}$

13. $\begin{array}{r} 139 \\ +\ 316 \\ \hline \end{array}$

14. $\begin{array}{r} 589 \\ +\ 134 \\ \hline \end{array}$

15. $\begin{array}{r} 652 \\ +\ 299 \\ \hline \end{array}$

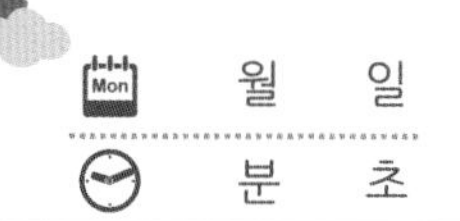

"사람이 찾아와 만나거나 봄"

문제) 오늘 우리 어머니가 운영하는 가게에 남자 **148**명, 여자 **167**이 다녀 갔습니다. 오늘 방문한 사람 수는 모두 몇 명일까요?

풀이) 방문한 남자 수 = 148　여자 수 = 167

전체 방문한 사람 수 = 남자 수 + 여자 수 이므로

식은 148+167이고 값은 315명 입니다.

따라서 방문한 사람 수는 모두 315명 입니다.

식) 148+167　답) 315명

방문한 사람 수

남자	여자
148명	167명

모두 ?명

소리내 풀기

아래의 문제를 풀어보세요.

01. 오늘 KTX를 탔습니다. 심심해서 사람 수를 보니 어른 **237**명, 어린이 **65**명이 탔다고 합니다. 모두 몇 명이 탔을까요?

풀이) 어른 수 = [　　] 명

어린이 수 = [　　] 명

탄 사람 수 = 어른 수 [　] 어린이 수 이므로

식은 [　　　] 이고

답은 [　　] 명 입니다.

식) ________　답) [　　] 명

02. **168**쪽, **197**쪽인 책 2권을 읽을려고 합니다. 책 2권을 모두 읽으면 몇 쪽을 읽은 걸까요?

풀이) 책의 쪽 수 = [　　], [　　]

2책의 전체 쪽 수 = 한 권의 쪽 수 [　] 다른 권의 쪽 수

이므로 식은 [　　　] 이고

답은 [　　] 쪽 입니다.

식) ________　답) [　　] 쪽

03. 우리마을 도서관에는 동화책이 **423**권, 위인전이 **379**권 있다고 합니다. 동화책과 위인전은 모두 몇 권 있을까요?

(식 2점 답 1점)

풀이)

식) ________　답) [　　] 권

04. 내가 문제를 만들어 풀어 봅니다. (세 자릿수 + 세 자릿수)

(문제 2점 식 2점 답 1점)

풀이)

식) ________　답) ________

확인 (틀린 문제의 수를 적고, 약한 부분을 보충하세요.)

회차	틀린문제수
21 회	문제
22 회	문제
23 회	문제
24 회	문제
25 회	문제

생각해보기 (배운 내용이 모두 이해되었나요?)

■ 모두 이해하고 자신있다. → 다음 회로 넘어 갑니다.

■ 1~2문제 틀릴 수는 있겠지만 거의 이해한다.
→ 설명부분을 한번 더 읽고 다음 회로 넘어 갑니다.

■ 잘 모르는 것 같다.
→ 설명부분과 틀린문제를 한번 더 보고 다음 회로 넘어 갑니다.

오답노트 (앞에서 틀린 문제나 기억하고 싶은 문제를 적습니다.)

회 번

문제	풀이

회 번

문제	풀이

회 번

문제	풀이

회 번

문제	풀이

회 번

문제	풀이

26 받아내림이 있는 두 자릿수 - 한 자릿수 (1)

월 일
분 초

9 문제 중 문제 맞았

32 − 4의 계산 (십의 자리에서 빌려와 빼기)

2에서 4를 뺄 수 없으므로, 십의 자리에서 10을 빌려와 12에서 4을 빼고, 나머지 십의 자리를 더합니다.

32 − 4
20 12
8 ① 12−4=
② 20+8= 28

32는 20 + 12 이므로
① 12−4를 계산하고,
② 20+8을 계산합니다.

$32 - 4$
$= 20 + 12 - 4$ → 32는 20 + 12 이므로
$= 20 + ^{①}8$ → 12−4를 계산하고,
$= ^{②}28$ → 20+8을 계산합니다.

위와 같이 앞의 수를 십몇으로 갈라 뒤의 수를 빼는 방법으로 아래 문제를 계산해 보세요.

01. 35 − 7 = ☐
☐ ☐ − ① ☐ + ② ☐

02. 41 − 6 = ☐
☐ ☐ − ① ☐ + ② ☐

03. 53 − 4 = ☐
☐ ☐ − ① ☐ + ② ☐

04. 24 − 5
= 10 + ☐ − 5
= 10 + ☐
= ☐

05. 62 − 9
= 50 + ☐ − 9
= ☐ + ☐
= ☐

06. 83 − 8
= ☐ + ☐ − 8
= ☐ + ☐
= ☐

07. 32 − 6
= ☐ + ☐ − ☐
= ☐ + ☐
= ☐

08. 44 − 7
= ☐ + ☐ − ☐
= ☐ + ☐
= ☐

09. 51 − 3
= ☐ + ☐ − ☐
= ☐ + ☐
= ☐

※ 16-9 와 같은 계산이 잘 안되면 이것 먼저 공부해야 합니다. (www.obook.kr의 자료실에 있는 계산 엑셀파일을 다운받아 연습하세요.)

27 받아내림이 있는 두 자릿수 - 한 자릿수 (2)

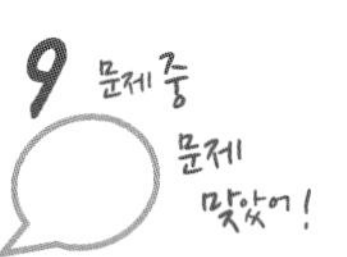

32 − 4의 계산 (10에서 빼기)

2에서 4를 뺄 수 없으므로, 32를 22와 10으로 갈라서 10−4를 하고, 22를 더해 줍니다.

32 − 4
22 10
① 10−4= 6
② 22+6= 28

32는 22 + 10 이므로
① 10−4를 계산하고,
② 22+6을 계산합니다.

$\boxed{32}-4$
$= \boxed{22+10}-4$ → 32는 22 + 10 이므로
① $= 22+6$ → 10−4를 계산하고,
② $= 28$ → 22+6을 계산합니다.

10에서 뒤의 수를 빼고, 남은 수를 더하는 방법으로 계산해 보세요.

01. 35 − 6 = ☐
☐ 10 −
① ☐
+
② ☐

02. 41 − 5 = ☐
☐ 10 −
① ☐
+
② ☐

03. 54 − 7 = ☐
☐ 10 −
① ☐
+
② ☐

04. 24 − 8
= 14 + ☐ − 8
= ☐ + 2
= ☐

05. 67 − 9
= 57 + ☐ − 9
= ☐ + ☐
= ☐

06. 56 − 8
= ☐ + 10 − ☐
= ☐ + ☐
= ☐

07. 37 − 9
= ☐ + 10 − ☐
= ☐ + ☐
= ☐

08. 53 − 7
= ☐ + 10 − ☐
= ☐ + ☐
= ☐

09. 72 − 6
= ☐ + 10 − ☐
= ☐ + ☐
= ☐

※ 수 3개의 계산에서 더하고 빼는 것과
빼고 더하는 것은 같으므로, 46+10−8에서
뒤의 10−8을 먼저 계산해도 됩니다. (− − 와 − + 는 무조건 순서대로 계산합니다.)

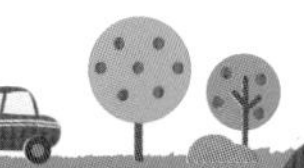

28 받아내림이 있는 두 자릿수의 뺄셈 (1)

월 일
분 초

9 문제 중 문제 맞

43 − 25의 계산 ① (십의 자리부터 빼기)

① 25를 20과 5로 가릅니다. ② 20을 먼저 빼고, 5을 뺍니다.

43 − 25 — 25는 20 + 5 이므로

① 43−20= 23 — ① 43−20을 계산하고,

② 23−5= 18 — ② 23− 5를 계산합니다.

43 − 25
= 43 − 20 − 5 → 25를 20과 5로 갈라
= ① 23 − 5 → 20을 먼저 빼고,
= ② 18 → 그 값에 5를 빼줍니다.

25를 한번에 빼는 것보다 20과 5로 두번 나누워 빼는 것이 쉽습니다.

위와 같이 십의 자리를 먼저 빼고, 일의 자리를 빼는 방법으로 계산해 보세요.

01. 54 − 26 = ☐
① ☐
② ☐

02. 62 − 17 = ☐
① ☐
② ☐

03. 45 − 39 = ☐
① ☐
② ☐

04. 31 − 18
= 31 − ☐ − 8
= ☐ − ☐
= ☐

05. 73 − 34
= 73 − ☐ − 4
= ☐ − ☐
= ☐

06. 52 − 25
= ☐ − 20 − ☐
= ☐ − ☐
= ☐

07. 63 − 26
= ☐ − ☐ − 6
= ☐ − 6
= ☐

08. 47 − 19
= ☐ − ☐ − 9
= ☐ − 9
= ☐

09. 82 − 27
= ☐ − ☐ − 7
= ☐ − ☐
= ☐

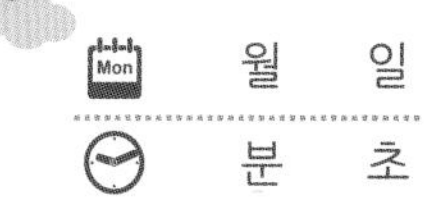

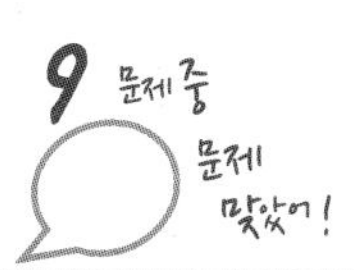

43 − 25의 계산 ② (일의 자리부터 빼기)

① 25를 5와 20으로 가릅니다. ② 5를 먼저 빼고, 20을 뺍니다.

43 − 25 — 25는 5 + 20 이므로

① 43−5= 38 — ① 43−5을 계산하고,

② 38−20= 18 — ② 38−20을 계산합니다.

$43-25$
$= 43-5-20$ → 25를 5 와 20 으로 갈라
$=^{①} 38-20$ → 5를 먼저 빼고,
$=^{②} 18$ → 그 값에 20을 또 뺍니다.

20을 빼고 5를 빼는 것과 5를 빼고 20을 빼는 것의 값은 같습니다.

뒤에 수에서 일의 자리를 먼저 빼고, 십의 자리를 빼는 방법으로 계산해 보세요.

01. 54 − 26 = ☐
① ☐
② ☐

02. 62 − 17 = ☐
① ☐
② ☐

03. 45 − 39 = ☐
① ☐
② ☐

04. 31 − 18
= 31 − 8 − ☐
= ☐ − ☐
= ☐

05. 73 − 34
= 73 − ☐ − 30
= ☐ − ☐
= ☐

06. 52 − 25
= ☐ − 5 − ☐
= ☐ − ☐
= ☐

07. 84 − 35
= ☐ − 5 − ☐
= ☐ − ☐
= ☐

08. 91 − 53
= ☐ − 3 − ☐
= ☐ − ☐
= ☐

09. 62 − 26
= ☐ − 6 − ☐
= ☐ − ☐
= ☐

※ 수를 계산할때 높은 자리수부터 계산해도 되지만, 일의 자리부터 계산하는 것이 일반적입니다.

30 두 자릿수의 뺄셈 (연습)

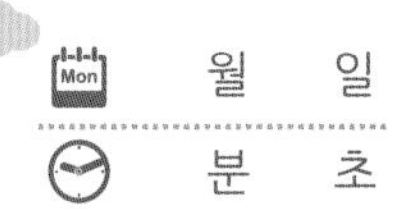

월 일

분 초

18 문제 중 문제 맞음

소리내 풀기 내가 편한 방법으로 아래 식을 계산하여 값을 적으세요.

01. $23-5=$ ☐

02. $21-3=$ ☐

03. $35-6=$ ☐

04. $32-4=$ ☐

05. $40-7=$ ☐

06. $45-8=$ ☐

07. $32-17=$ ☐

08. $54-39=$ ☐

09. $71-26=$ ☐

10. $65-18=$ ☐

11. $43-24=$ ☐

12. $26-19=$ ☐

13. $72-19=$ ☐

14. $94-26=$ ☐

15. $81-37=$ ☐

16. $73-48=$ ☐

17. $65-29=$ ☐

18. $82-55=$ ☐

확인 (틀린 문제의 수를 적고, 약한 부분을 보충하세요.)

회차	틀린문제수
26 회	문제
27 회	문제
28 회	문제
29 회	문제
30 회	문제

생각해보기 (배운 내용이 모두 이해되었나요?)

■ 모두 이해하고 자신있다. → 다음 회로 넘어 갑니다.

■ 1~2문제 틀릴 수는 있겠지만 거의 이해한다.
→ 개념부분을 한번 더 읽고 다음 회로 넘어 갑니다.

■ 잘 모르는 것 같다.
→ 개념부분과 틀린문제를 한번 더 보고 다음 회로 넘어 갑니다.

오답노트 (앞에서 틀린 문제나 기억하고 싶은 문제를 적습니다.)

회 번

문제	풀이

회 번

문제	풀이

회 번

문제	풀이

회 번

문제	풀이

회 번

문제	풀이

31 받아내림이 있는 세로 뺄셈 (1)

월 일
분 초

9 문제 중 문제 맞음

43 – 25 의 계산

① 43 – 25를 아래와 같이 적습니다.

② 10의 자리에서 10을 받아내림 하여 일의 자리를 계산합니다.

③ 받아내림 하고 남은 수와 십의 자리끼리 빼줍니다.

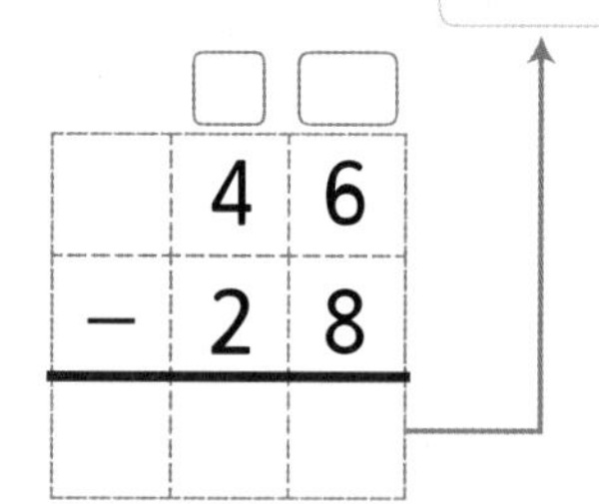

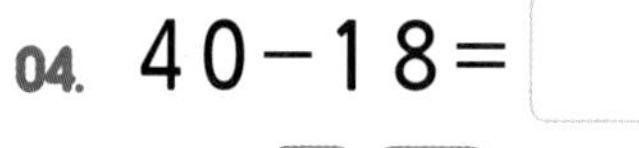

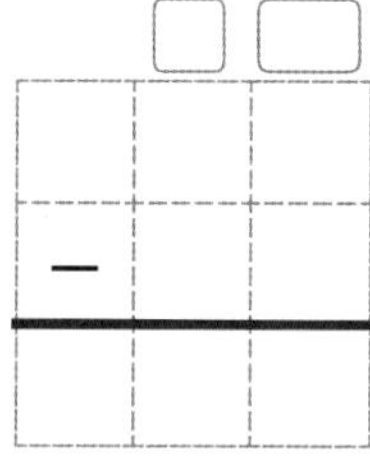

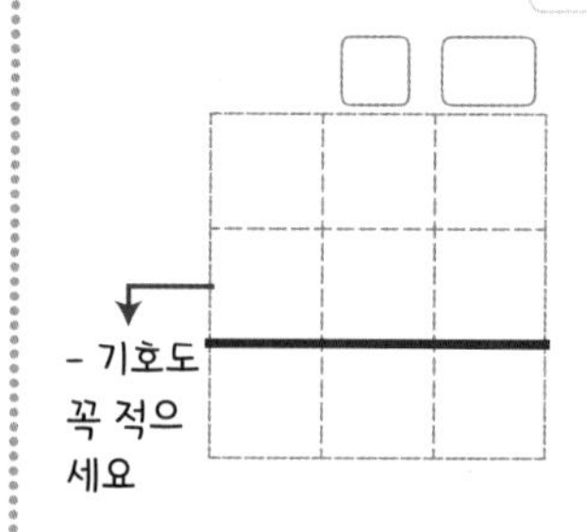

일의 자리를 받아내림 하여 빼고, 십의 자리를 빼는 방법과 같습니다.

식을 밑으로 적어서 계산하고, 값을 적으세요.

01. $46-28=$ ☐

	4	6
–	2	8

02. $65-29=$ ☐

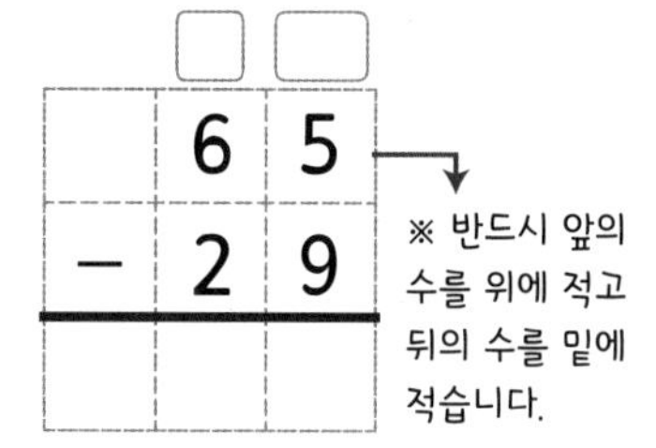

※ 반드시 앞의 수를 위에 적고 뒤의 수를 밑에 적습니다.

03. $54-47=$ ☐

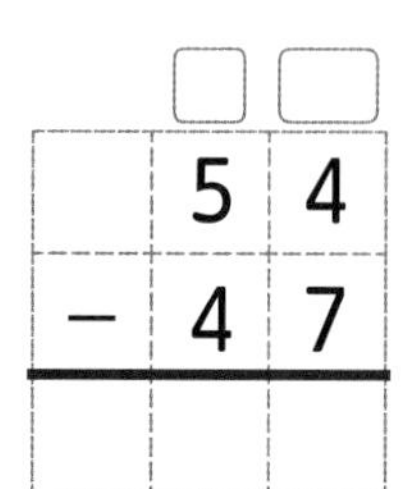

04. $40-18=$ ☐

05. $54-25=$ ☐

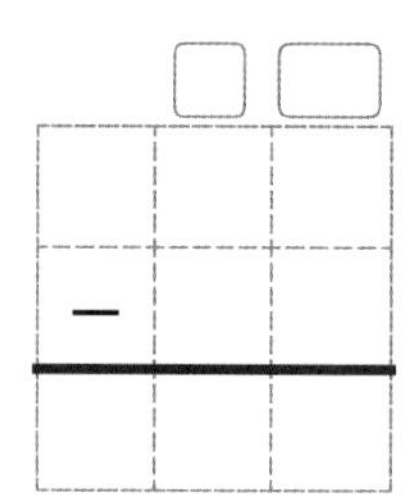

06. $60-36=$ ☐

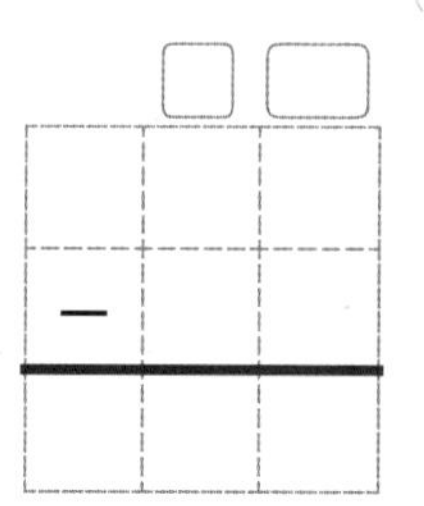

07. $72-46=$ ☐

- 기호도 꼭 적으세요

08. $61-34=$ ☐

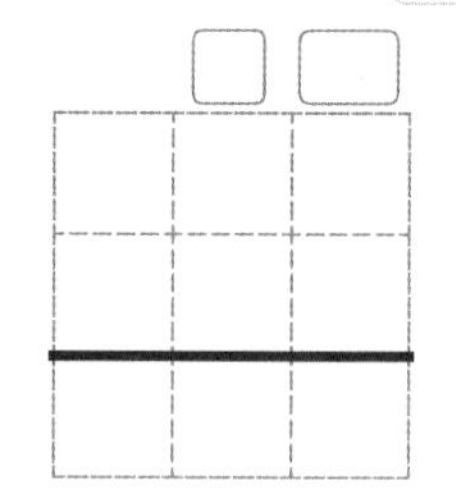

09. $83-29=$ ☐

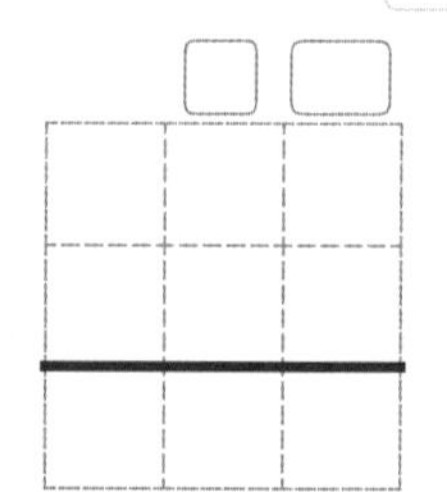

32 받아내림이 있는 세로 뺄셈 (연습1)

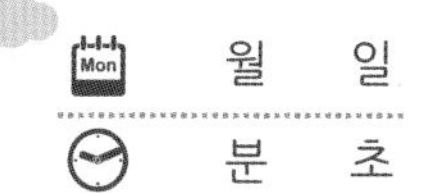

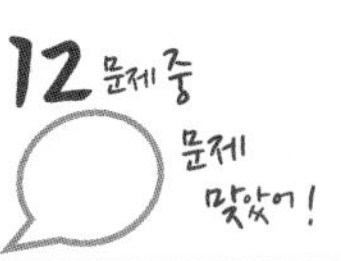

식을 밑으로 적어서 계산하고, 값을 ☐에 적으세요.

01. 35－18＝☐

	3	5
－	1	8

02. 56－27＝☐

	5	6
－	2	7

03. 74－56＝☐

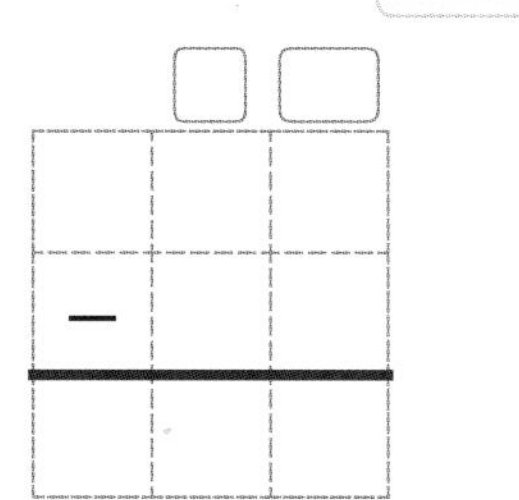

04. 63－27＝☐

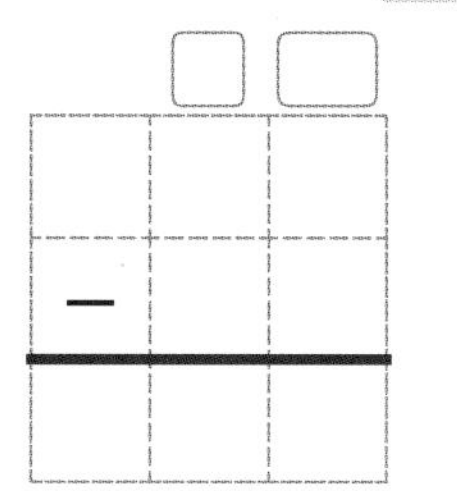

05. 80－54＝☐

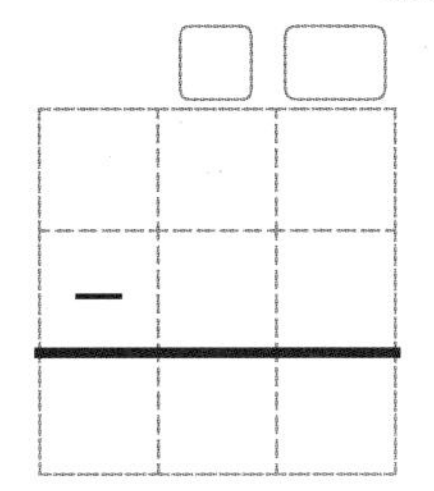

06. 75－46＝☐

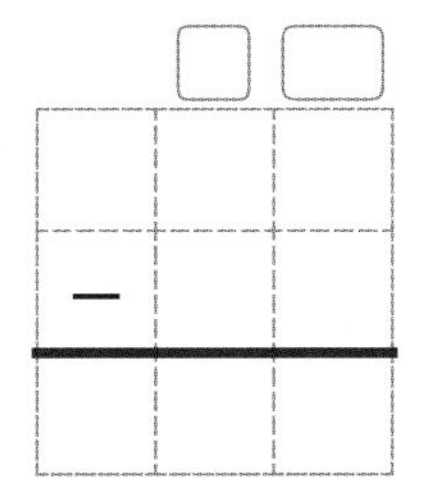

07. 62－28＝☐

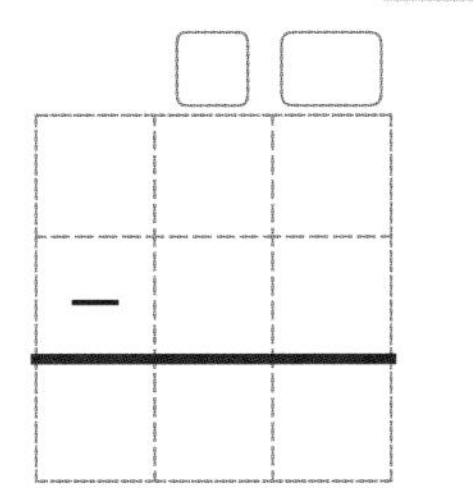

08. 51－37＝☐

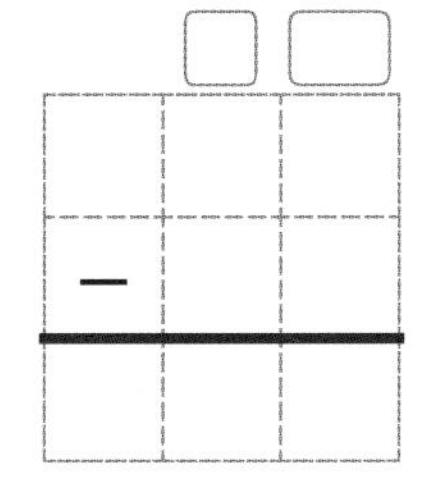

09. 94－36＝☐

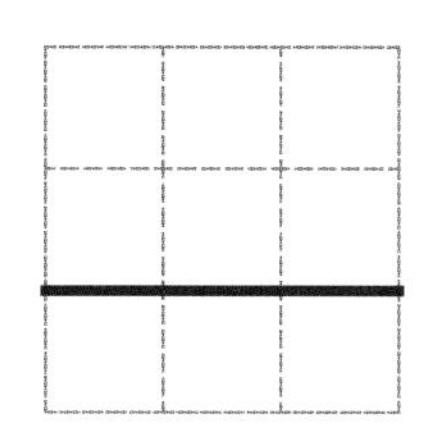

10. 62－48＝☐

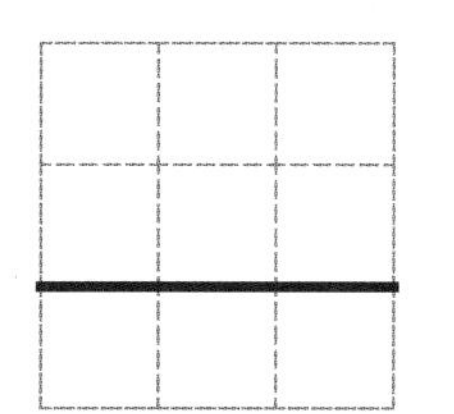

11. 85－17＝☐

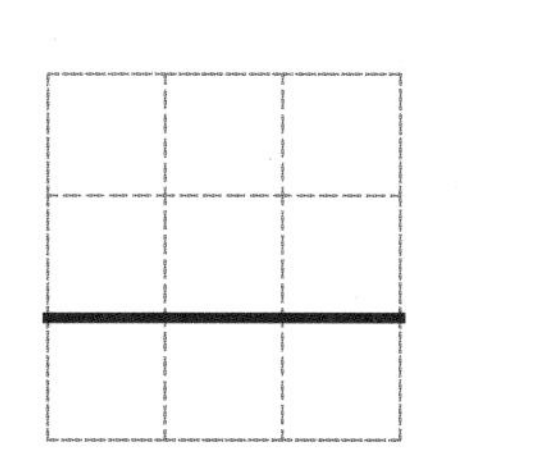

12. 78－59＝☐

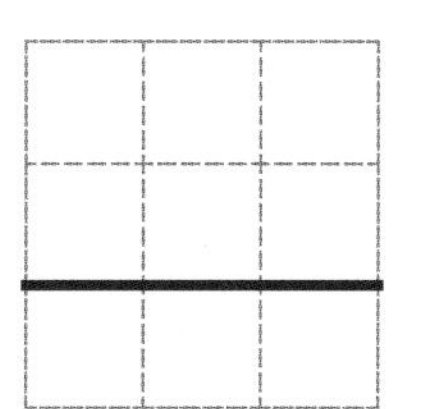

153 – 69 의 계산

① 153–69를 아래와 같이 적습니다.

	1	5	3
–		6	9

② 십의 자리에서 받아내림 해서 일의 자리끼리 뺍니다.

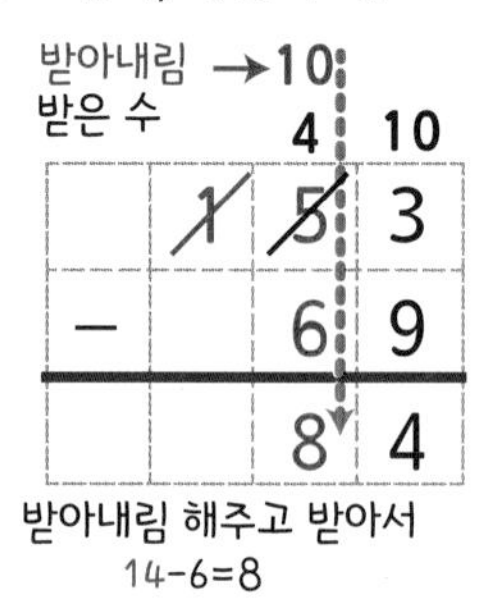

③ 백의 자리에서 받아내림 해서, 빼줍니다.

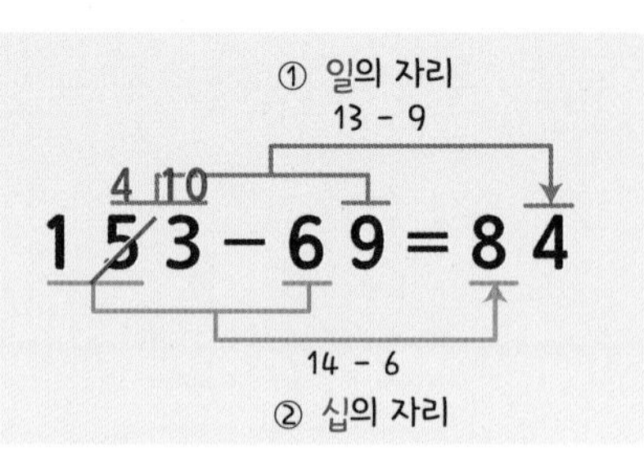

일의 자리로 10을 받아내림 해주고
백의 자리에서 10을 받아내림을 받아옵니다.

받아내림에 주의하여 밑으로 계산하는 방법으로 아래 문제를 풀어 보세요.

01. 124−56=

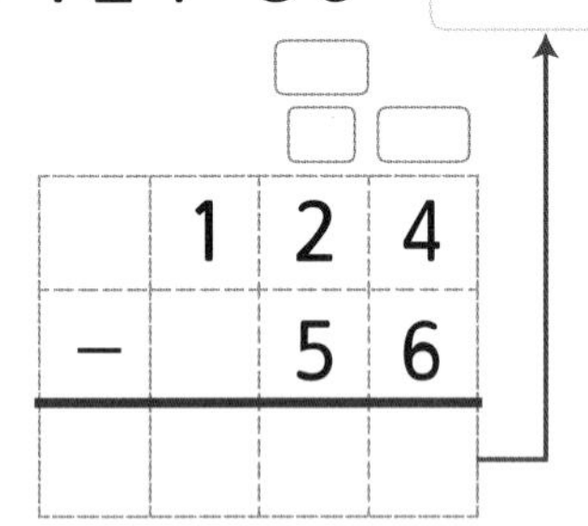

02. 132−73=

	1	3	2
–		7	3

03. 145−67=

04. 111−48=

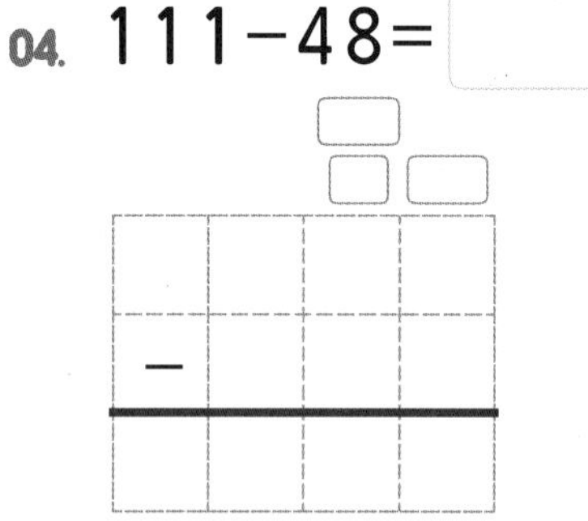

05. 163−84=

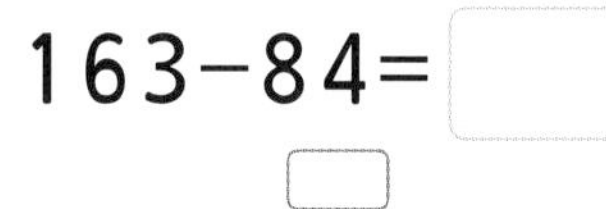

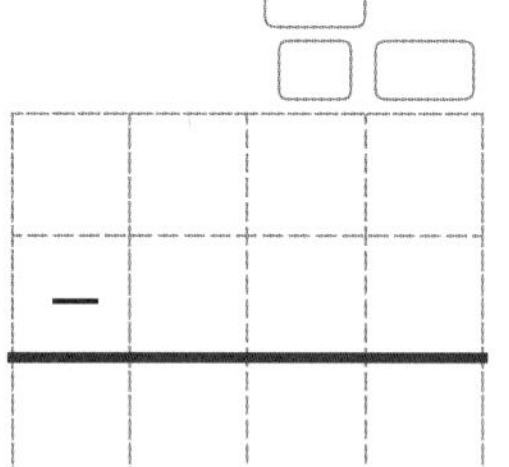

06. 150−76=

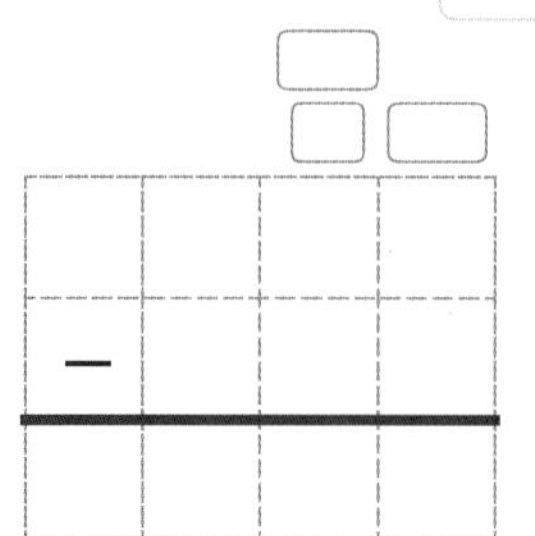

07. 132−35=

08. 114−59=

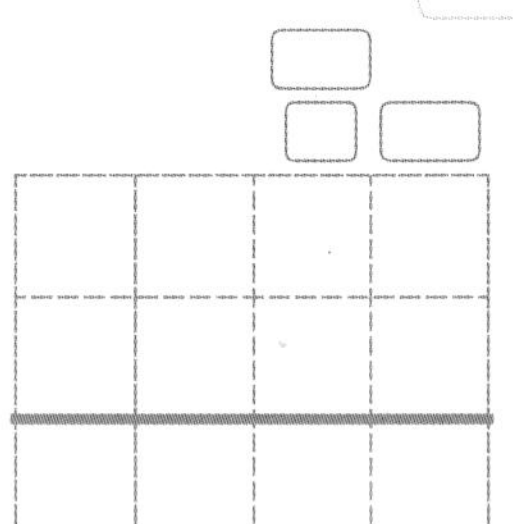

09. 146−68=

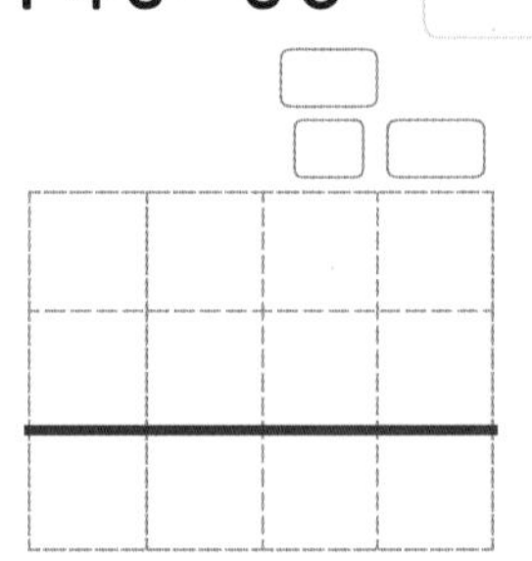

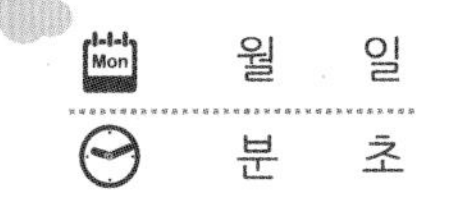

식을 밑으로 적어서 계산하고, 값을 적으세요.

01. 100−53=

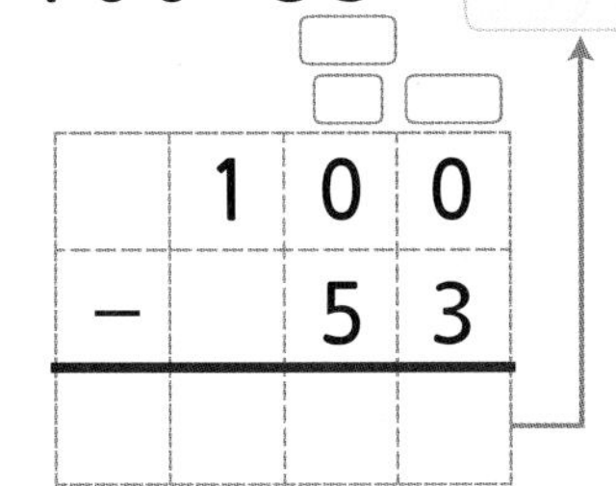

02. 105−67=

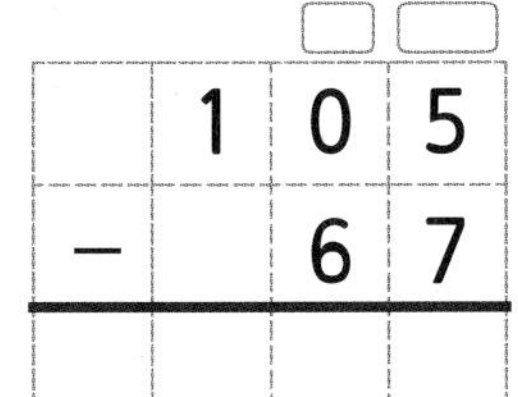

03. 121−42=

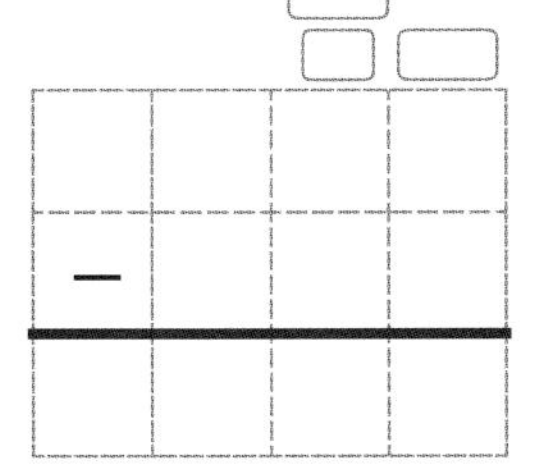

04. 112−34=

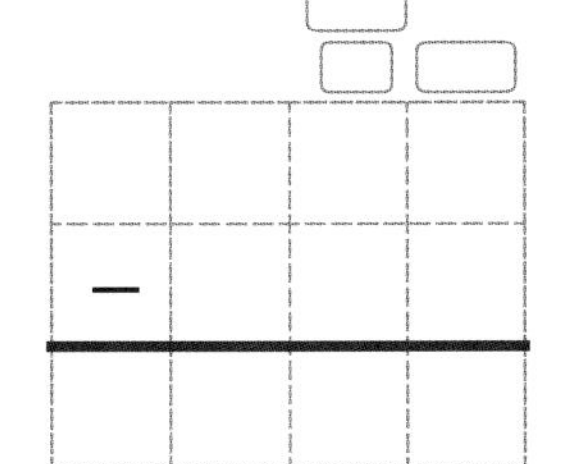

05. 155−76=

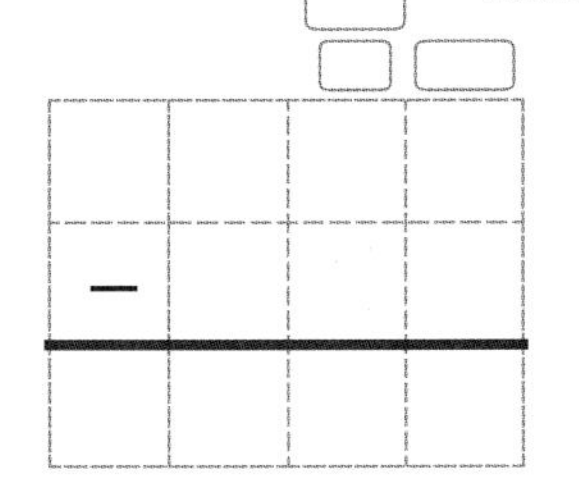

06. 112−56=

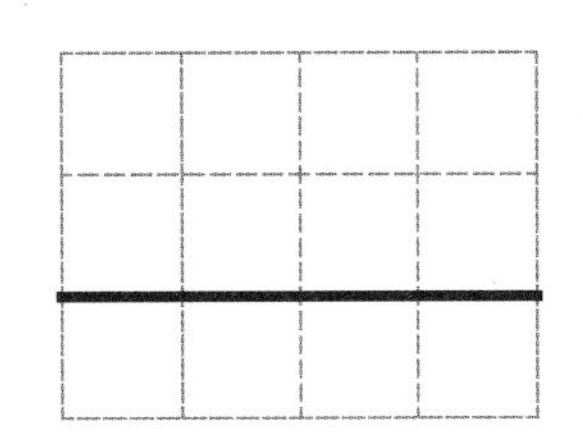

07. 161−75=

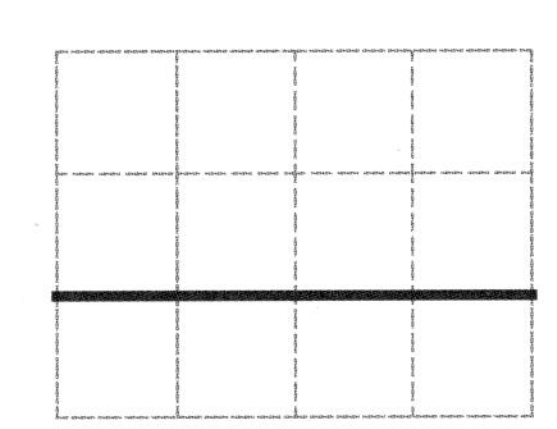

08. 143−97=

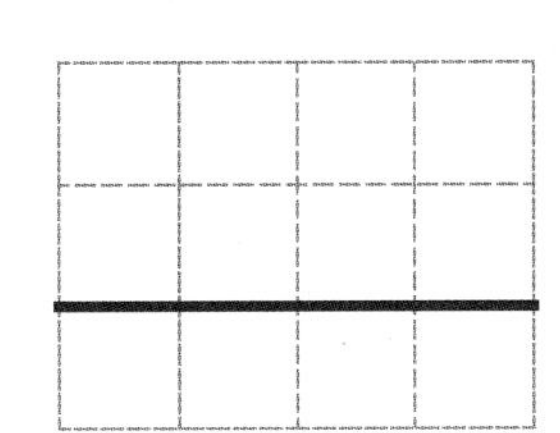

09. 125−69=

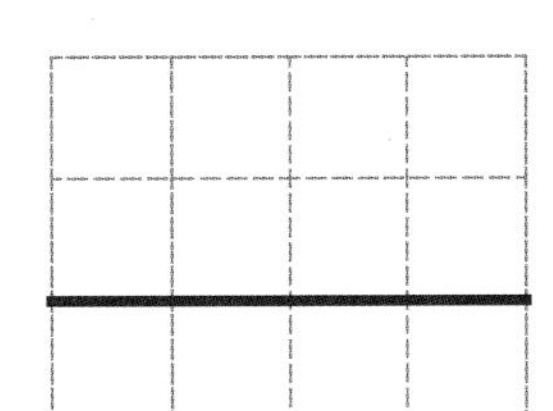

10. 150−83=

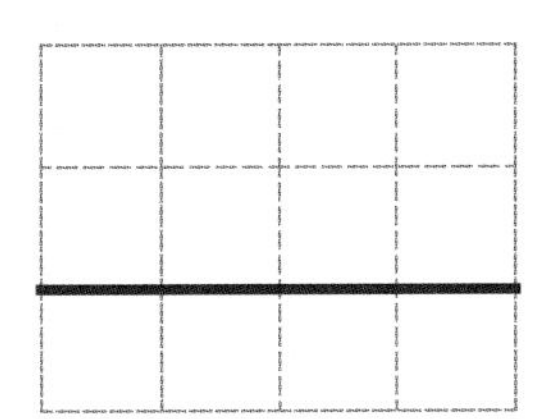

11. 165−68=

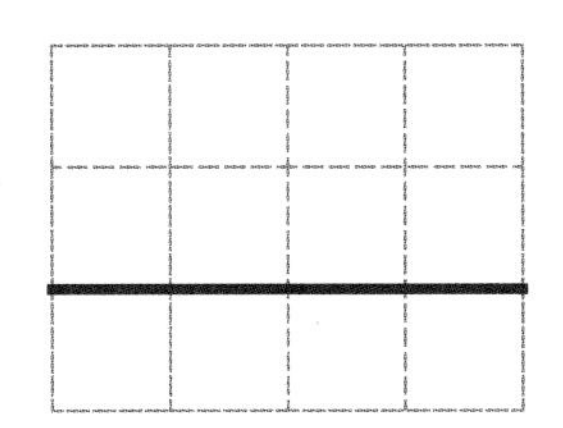

12. 148−59=

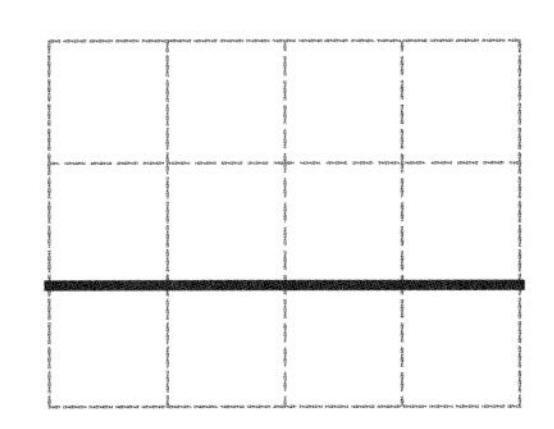

13. 156−77=

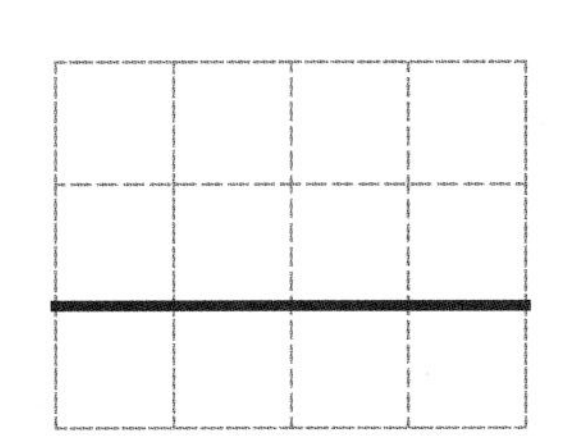

14. 172−85=

15. 131−96=

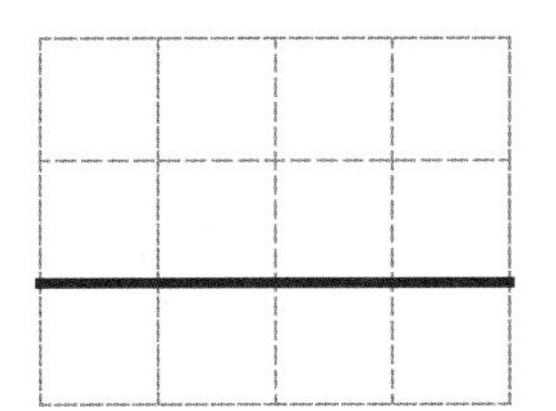

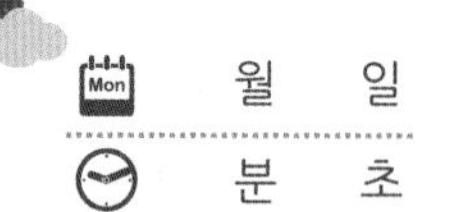

문제) 내가 좋아하는 아이의 반 번호는 4월의 마지막 날짜 수보다 **13**이 작습니다. 내가 좋아하는 아이의 번호는 몇 번일까요?

풀이) 4월의 마지막 날짜 수 = 30　더 작은 수 = 13명
반 번호 = 4월의 마지막 날짜수 – 더 작은 수이므로
식은 30−13이고 값은 17입니다.
따라서 반 번호는 17 입니다.

식) 30−13　답) 17번

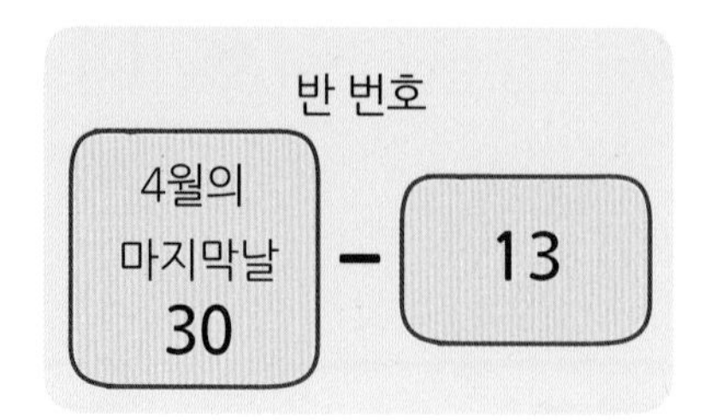

아래의 문제를 풀어보세요.

01. 과수원에서 사과를 **97**상자 팔았습니다. 배는 사과보다 **18**상자 작게 팔았다면, 배는 몇 상자 팔았을까요?

풀이) 사과상자 수 = ☐ 상자
더 작은 수 = ☐ 상자
배 상자수 = 사과 상자수 ☐ 더 작은 수 이므로
식은 ☐ 이고
답은 ☐ 상자 입니다.

식) ________　답) ☐ 상자

02. 오늘 3학년 학생 **92**명이 강당에서 공연을 보기로 했습니다. 지금 강당에는 의자가 **68**개 있다면, 몇 개가 더 필요할까요?

풀이) 3학년 학생 수 = ☐ 명
지금 의자 수 = ☐ 개
필요한 의자 수 = 3학년 학생 수 ☐ 지금 의자 수
이므로 식은 ☐ 이고
답은 ☐ 개 입니다.

식) ________　답) ☐ 개

03. 지금 읽고 있는 책은 **91**쪽입니다. 지금까지 **55**쪽을 보았다면, 책을 다 보려면 몇 쪽을 더 봐야 할까요?

(식 2점 답 1점)

풀이)

식) ________　답) ☐ 쪽

04. 내가 문제를 만들어 풀어 봅니다. (두 자릿수 – 두 자릿수)

(문제 2점 식 2점 답 1점)

풀이)

식) ________　답) ________

확인 (틀린 문제의 수를 적고, 약한 부분을 보충하세요.)

회차	틀린문제수
31 회	문제
32 회	문제
33 회	문제
34 회	문제
35 회	문제

생각해보기 (배운 내용이 모두 이해되었나요?)

■ 모두 이해하고 자신있다. → 다음 회로 넘어 갑니다.

■ 1~2문제 틀릴 수는 있겠지만 거의 이해한다.
→ 개념부분을 한번 더 읽고 다음 회로 넘어 갑니다.

■ 잘 모르는 것 같다.
→ 개념부분과 틀린문제를 한번 더 보고 다음 회로 넘어 갑니다.

오답노트 (앞에서 틀린 문제나 기억하고 싶은 문제를 적습니다.)

회 번

문제	풀이

회 번

문제	풀이

회 번

문제	풀이

회 번

문제	풀이

회 번

문제	풀이

36 받아내림이 없는 세 자릿수의 뺄셈

월 일
분 초

359−214의 계산 ① (각자의 자리 수끼리 더하기)

백의 자리부터 각자의 자리 수끼리 빼서 나온 값을 모두 더합니다.

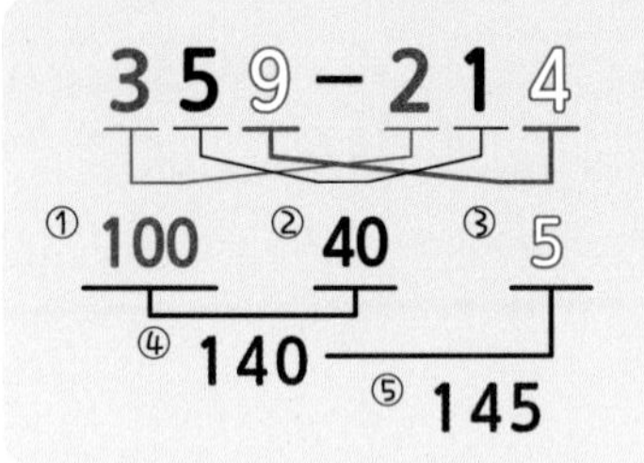

① 백의 자리를 뺍니다.
② 십의 자리를 뺍니다.
③ 일의 자리를 뺍니다.
④ ①과 ②를 더합니다.
⑤ ④와 ③을 더합니다.

$$359-214$$
$$=(300-200)+(50-10)+(9-4)$$
$$=100+40+5$$
$$=140+5=145$$

각 자리의 수끼리 빼고, 그 뺀값을 더하는 방법으로 아래 문제를 계산해 보세요.

01. $579-163=\square$

04. $579-163$
$=(500-\square)+(70-\square)+(9-\square)$
$=\square+\square+\square$
$=\square+\square=\square$

02. $754-312=\square$

05. $754-312$
$=(\square-300)+(\square-10)+(\square-2)$
$=\square+\square+\square$
$=\square+\square=\square$

03. $685-434=\square$

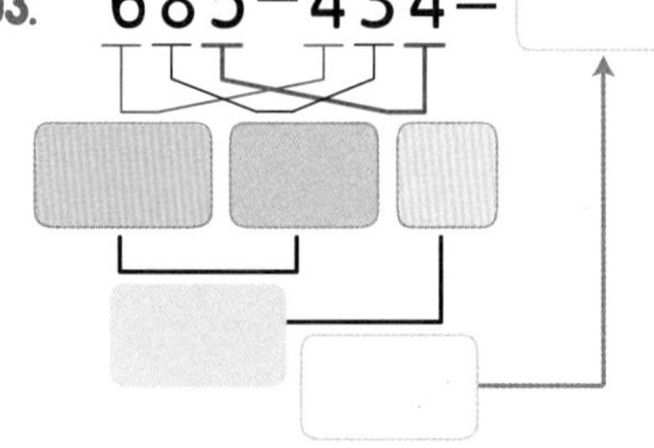

06. $685-434$
$=(\square-\square)+(\square-\square)+(\square-\square)$
$=\square+\square+\square$
$=\square+\square=\square$

※ 214를 한번에 빼는 빼기가 어려워서 200, 10, 4로 나누어 빼는 것입니다.

각 자리의 수끼리 빼고, 그 뺀값을 더하는 방법으로 아래 문제를 계산해 보세요.

01. 779−326= ☐

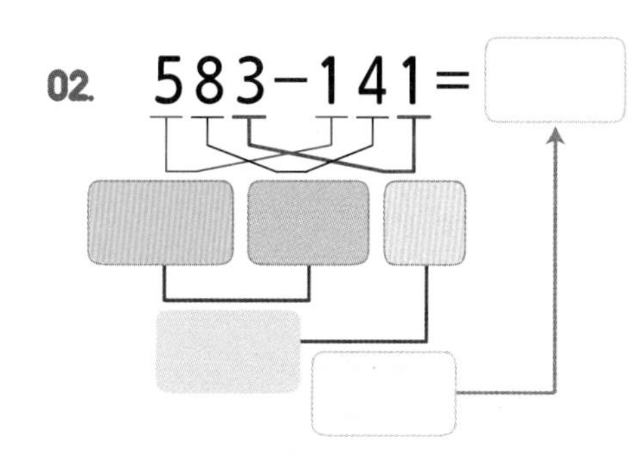

02. 583−141= ☐

03. 469−237= ☐

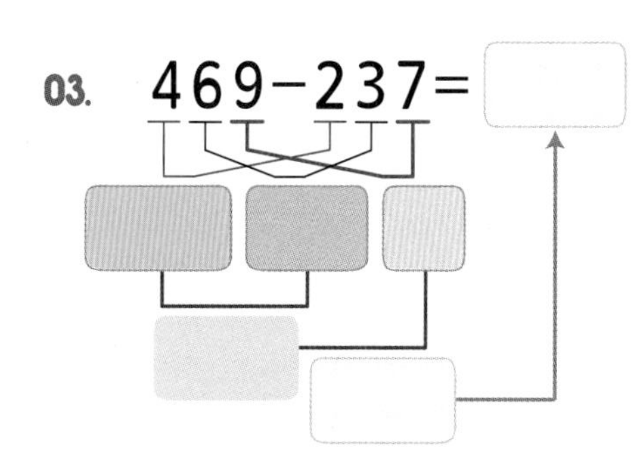

04. 692−581= ☐

05. 356−213
=(☐−☐)+(☐−☐)+(☐−☐)
=☐+☐+☐
=☐+☐=☐

06. 968−654
=(☐−☐)+(☐−☐)+(☐−☐)
=☐+☐+☐
=☐+☐=☐

07. 749−546
=(☐−☐)+(☐−☐)+(☐−☐)
=☐+☐+☐
=☐+☐=☐

08. 887−435
=(☐−☐)+(☐−☐)+(☐−☐)
=☐+☐+☐
=☐+☐=☐

38 받아내림이 있는 세 자릿수의 뺄셈

752 − 274의 계산 ② (각자의 자리 수끼리 바로 더하기)

일의 자리부터 각자의 자리 수끼리 더하여 받아 올림을 표시하고 바로 각자의 자리에 적습니다. (아래에서 받아 올림이 있으면 같이 더합니다.

① 일의 자리 수를 빼서 일의 자리에 적습니다. 뺄 수 없을때는 받아내림 해서 뺍니다.

752 − 274 = 8 (12−4=8)

② 십의 자리 수를 빼서 십의 자리에 적습니다. 받아내림 해준 것과 한것을 생각해서 뺍니다.

752 − 274 = 78 (10+4−7=7)

③ 백의 자리 수를 더해 백의 자리에 적습니다. 받아내림 해준 것을 생각해서 뺍니다.

752 − 274 = 478 (6−2=4)

아래 문제의 □에 알맞은 수를 적으세요.

01. 235−127= □

02. 542−325= □

03. 741−253= □

04. 670−572= □

05. 355−296= □

06. 531−162= □

07. 473−286= □

08. 731−353= □

09. 967−378= □

10. 746−259= □

11. 831−195= □

12. 625−468= □

39 받아내림이 있는 세 자릿수의 뺄셈 (연습)

아래 식을 계산하여 값을 적으세요.

01. 523－158=

02. 914－128=

03. 917－529=

04. 825－449=

05. 931－376=

06. 642－275=

07. 503－348=

08. 721－463=

09. 434－158=

10. 813－137=

11. 635－297=

12. 814－465=

13. 606－477=

14. 850－592=

15. 624－128=

※ 다른 방법으로 계산하는 법을 알더라도 꼭 앞에서 배운 방법으로 풀도록 합니다.

40 세 자릿수의 뺄셈 (연습1)

아래 식을 계산하여 값을 적으세요.

01. $913-592=$ ☐

02. $862-655=$ ☐

03. $539-415=$ ☐

04. $633-152=$ ☐

05. $857-244=$ ☐

06. $812-273=$ ☐

07. $725-546=$ ☐

08. $663-365=$ ☐

09. $985-596=$ ☐

10. $761-368=$ ☐

11. $605-398=$ ☐

12. $515-446=$ ☐

13. $412-285=$ ☐

14. $861-174=$ ☐

15. $617-388=$ ☐

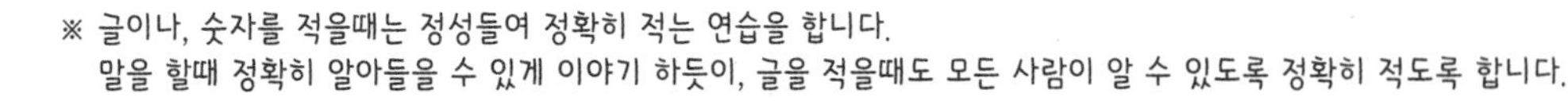
※ 글이나, 숫자를 적을때는 정성들여 정확히 적는 연습을 합니다.
말을 할때 정확히 알아들을 수 있게 이야기 하듯이, 글을 적을때도 모든 사람이 알 수 있도록 정확히 적도록 합니다.

확인 (틀린 문제의 수를 적고, 약한 부분을 보충하세요.)

회차	틀린문제수
36 회	문제
37 회	문제
38 회	문제
39 회	문제
40 회	문제

생각해보기 (배운 내용이 모두 이해되었나요?)

■ 모두 이해하고 자신있다. → 다음 회로 넘어 갑니다.

■ 1~2문제 틀릴 수는 있겠지만 거의 이해한다.
→ 개념부분을 한번 더 읽고 다음 회로 넘어 갑니다.

■ 잘 모르는 것 같다.
→ 개념부분과 틀린문제를 한번 더 보고 다음 회로 넘어 갑니다.

오답노트 (앞에서 틀린 문제나 기억하고 싶은 문제를 적습니다.)

회 번	
문제	풀이

회 번	
문제	풀이

회 번	
문제	풀이

회 번	
문제	풀이

회 번	
문제	풀이

41 세 자릿수의 세로 뺄셈 (1)

월 일
분 초

9 문제 중 문제 맞

674 − 213 의 계산

① 674−213을 아래와 같이 적습니다.

	6	7	4
−	2	1	3

② 일의 자리끼리 더해줍니다.

	6	7	4
−	2	1	3
			1

③ 십의 자리끼리 더해줍니다.

	6	7	4
−	2	1	3
		6	1

④ 백의 자리끼리 더해줍니다.

	6	7	4
−	2	1	3
	4	6	1

식을 밑으로 적어서 계산하고, 값을 적으세요.

01. 356−124=

	3	5	6
−	1	2	4

02. 573−370=

	5	7	3
−	3	7	0

03. 467−217=

	4	6	7
−	2	1	7

04. 483−121=

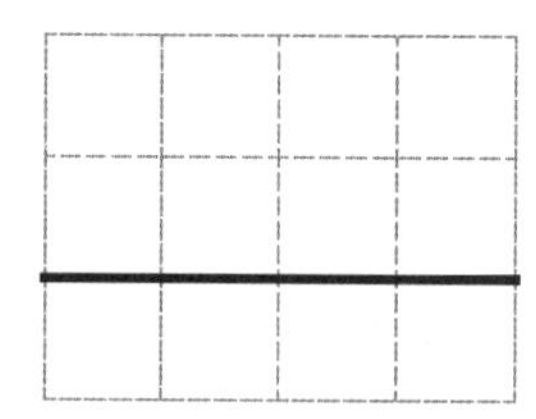

05. 624−503=

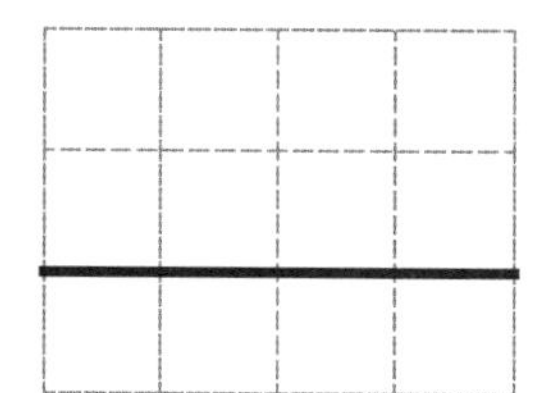

06. 579−257=

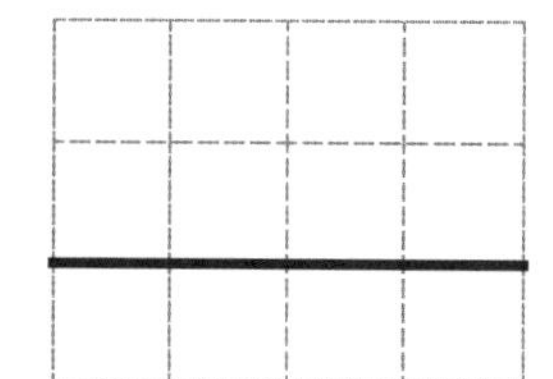

07. 539−430=

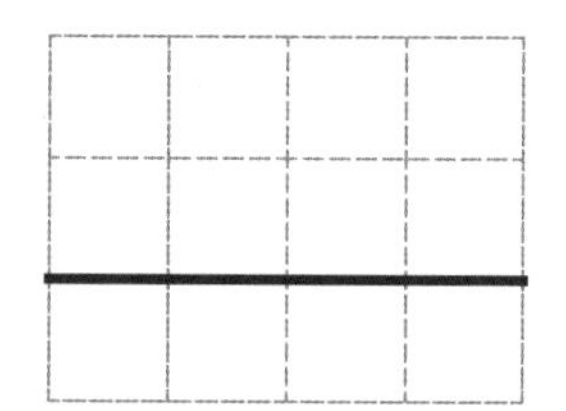

08. 786−376=

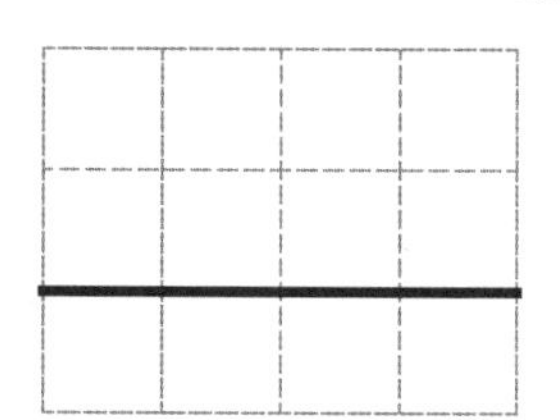

09. 997−625=

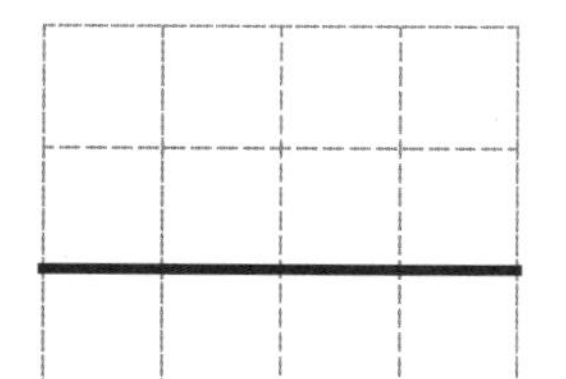

42 세 자릿수의 세로 뺄셈 (연습1)

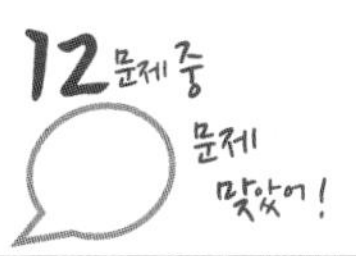

식을 밑으로 적어서 계산하고, 값을 적으세요.

01. 556−124= ☐

	5	5	6
−	1	2	4

02. 373−232= ☐

	3	7	3
−	2	3	2

03. 267−145= ☐

	2	6	7
−	1	4	5

04. 785−503= ☐

	7	8	5
−	5	0	3

05. 785−245= ☐

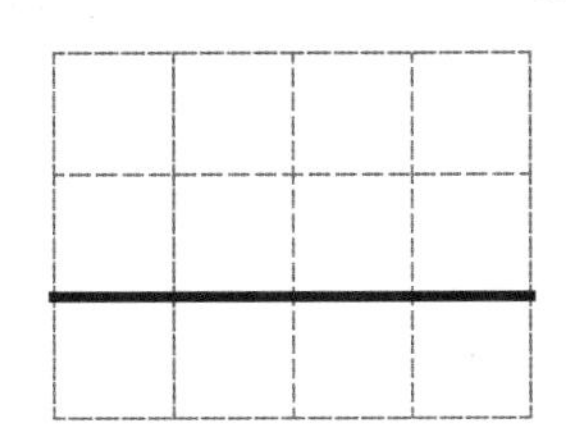

06. 698−581= ☐

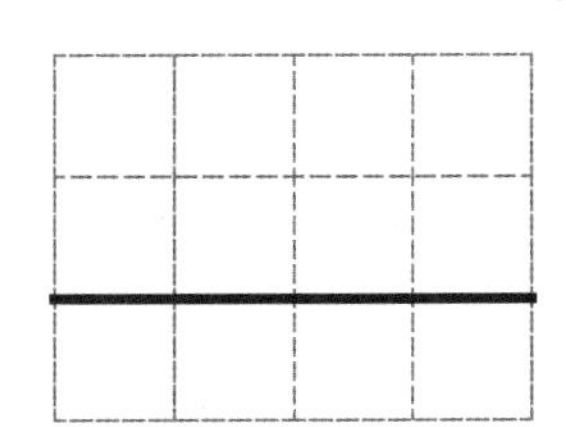

07. 457−436= ☐

08. 569−123= ☐

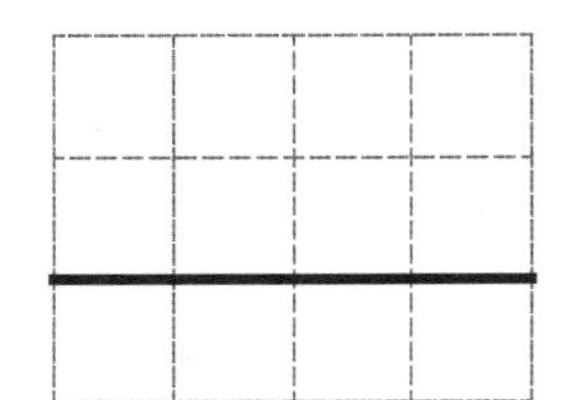

09. 842−530= ☐

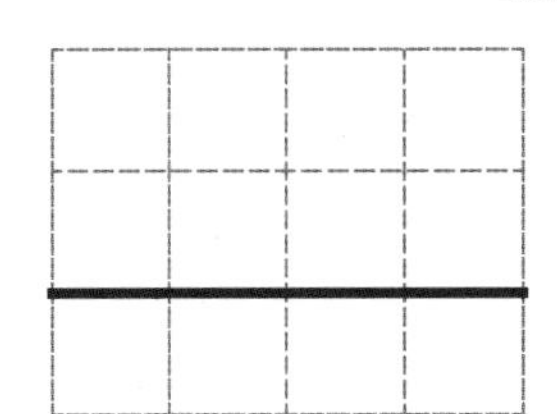

10. 764−652= ☐

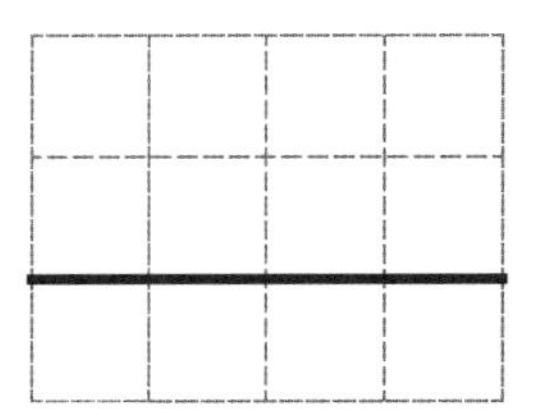

11. 986−364= ☐

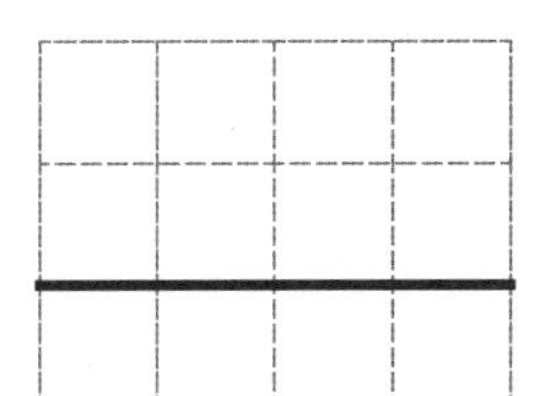

12. 895−463= ☐

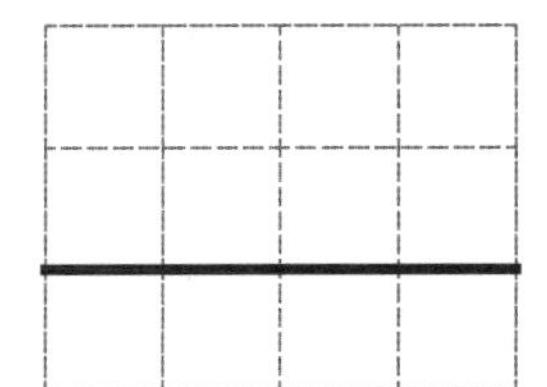

43 세 자릿수의 세로 뺄셈 (2)

512 − 364 의 계산

① 512−364를 아래와 같이 적습니다.

	5	1	2
−	3	6	4

② 일의 자리끼리 빼 줍니다.

받아내림 해주고 남은 수 → 0　10 ← 받아내림 받은 수

	5	~~1~~	2
−	3	6	4
			8

받아내림 받아서
12−4=8

③ 십의 자리끼리 빼줍니다.

④ 백의 자리끼리 빼줍니다.

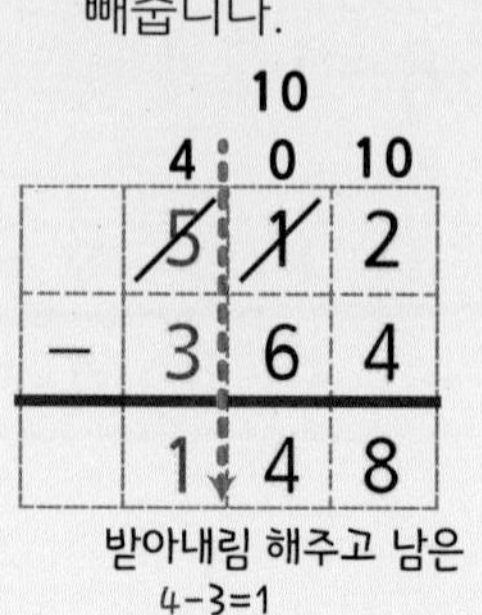

식을 밑으로 적어서 계산하고, 값을 적으세요.

01. 356−178=

	3	5	6
−	1	7	8

02. 573−394=

	5	7	3
−	3	9	4

03. 467−268=

	4	6	7
−	2	6	8

04. 483−197=

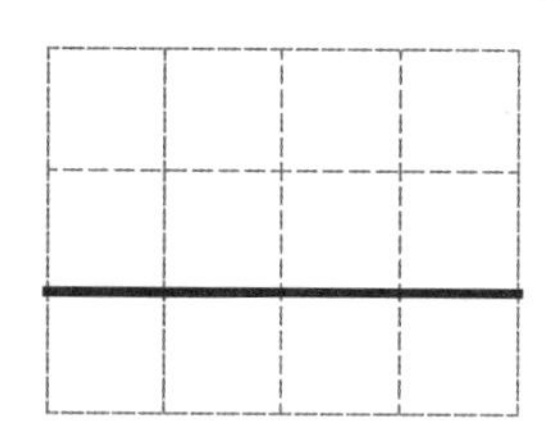

05. 624−389=

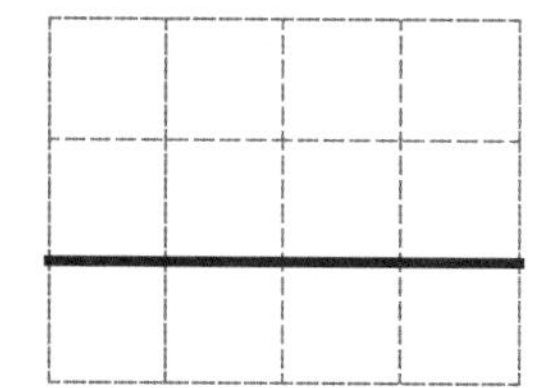

06. 570−296=

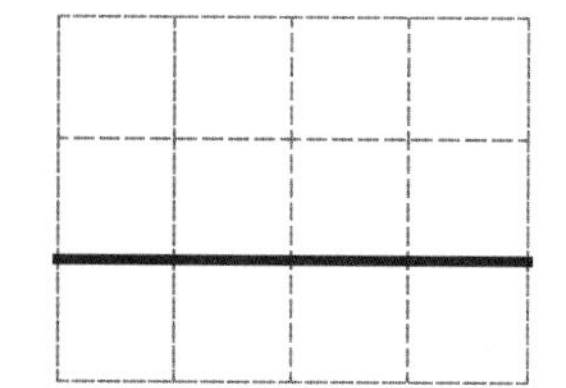

07. 536−438=

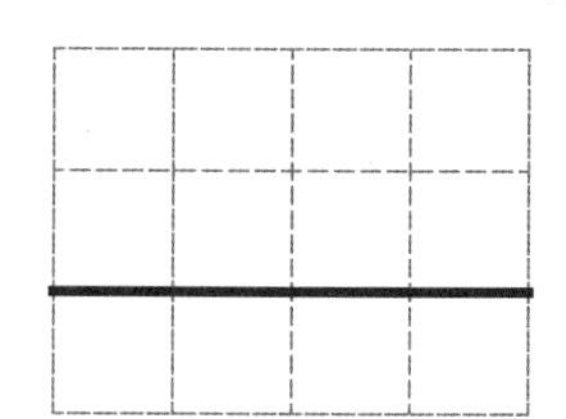

08. 777−379=

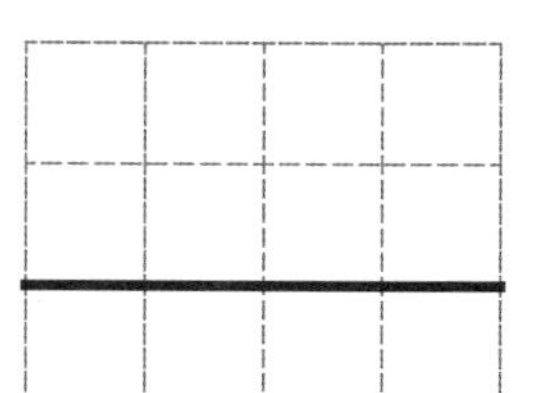

09. 964−388=

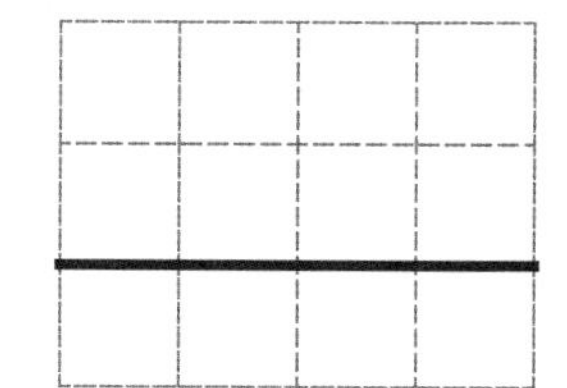

44 세 자릿수의 세로 뺄셈 (연습2)

월 일 / 분 초

12문제 중 문제 맞았어!

식을 밑으로 적어서 계산하고, 값을 적으세요.

01. 524−156=

	5	2	4
−	1	5	6

02. 332−273=

	3	3	2
−	2	7	3

03. 245−167=

	2	4	5
−	1	6	7

04. 445−169=

	4	4	5
−	1	6	9

05. 743−245=

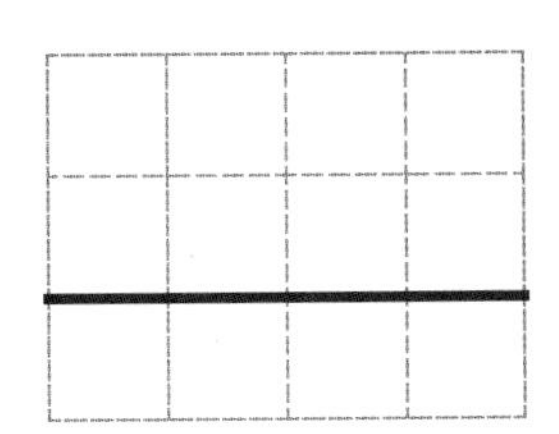

06. 680−481=

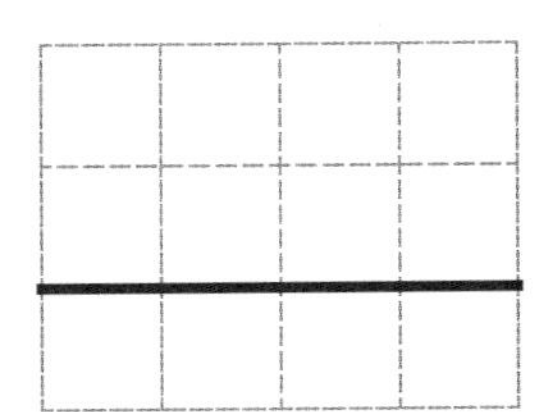

07. 457−276=

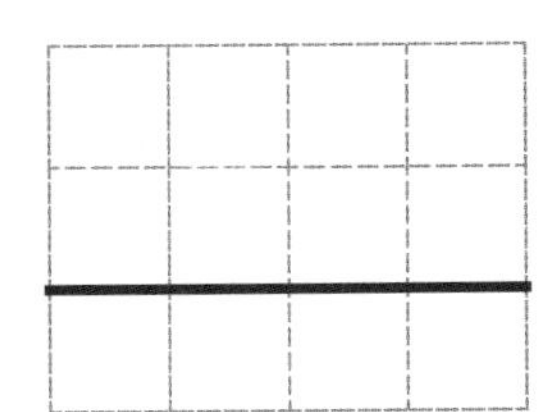

08. 501−123=

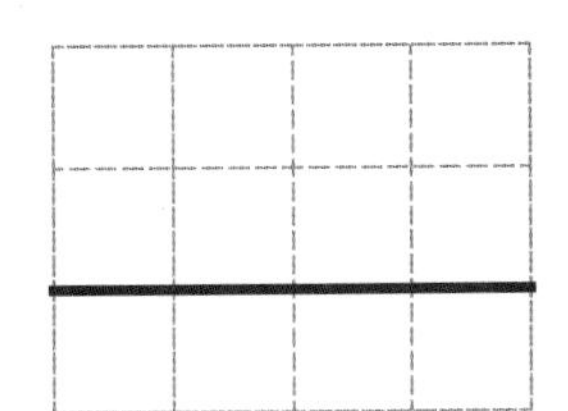

09. 842−588=

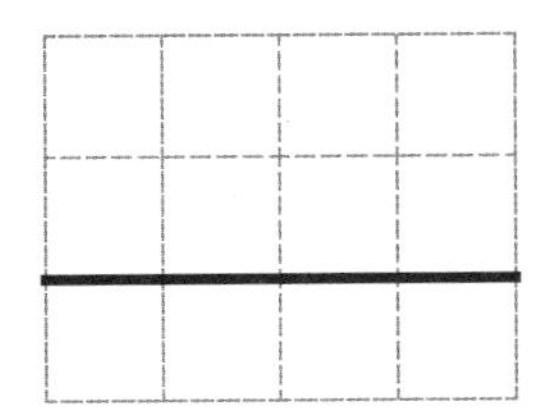

10. 764−479=

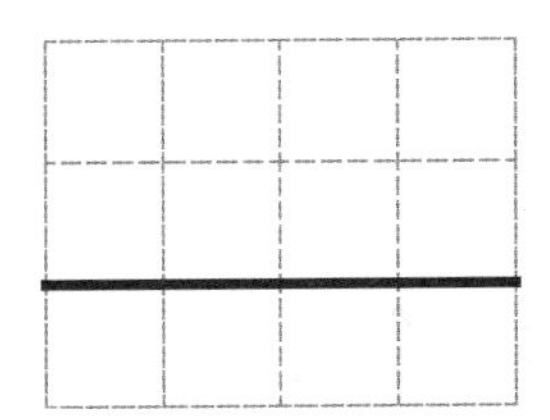

11. 964−399=

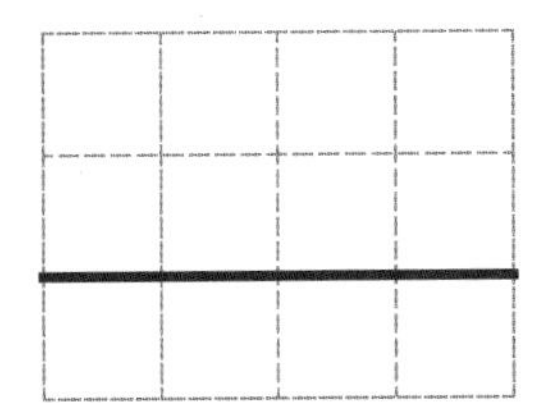

12. 816−449=

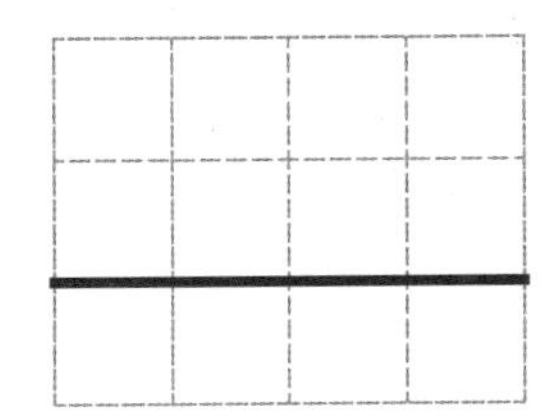

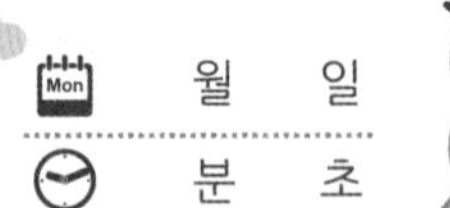

월 일
분 초

10 문제 중 문제 맞음

문제) 우리학교 전교생은 **999**명입니다. 남학생이 **487**명이면, 여학생은 몇 명일까요?

풀이) 전체 학생 수 = 999 남학생 수 = 487
여학생 수 = 전체 학생 수 – 남학생 수이므로
식은 999–487 이고 값은 512 명 입니다.
따라서 여학생 수는 512명 입니다.

식) 999–487 답) 512명

아래의 문제를 풀어보세요.

01. 이번 시험을 모두 맞으면 **520**점입니다. 나는 만점에서 **37**점이 모자랍니다. 내 점수는 몇 점 일까요?

풀이) 전체 점수 = ☐ 점
모자란 점수 = ☐ 점
내 점수 = 전체 점수 ☐ 모자란 점수 이므로
식은 ☐ 이고
답은 ☐ 점 입니다.

식) ______ 답) ☐ 점

02. 내 생일이 7월 11일 이라서 종이학 **711**개를 접으려고 합니다. 지금까지 **382**개 접었다면, 몇 개를 더 접어야 할까요?

풀이) 접으려는 수 = ☐ 개
지금까지 접은 수 = ☐ 개
남은 수 = 접으려는 수 ☐ 지금까지 접은 수 이므로
식은 ☐ 이고
답은 ☐ 개 입니다.

식) ______ 답) ☐ 개

03. 학교 앞 생태조사를 했더니 꽃이 **327**송이 였습니다. 노란 꽃이 **168**송이를 심었다면, 다른 색깔 꽃은 몇 송이 일까요?

(식 2점 답 1점)

풀이)

식) ______ 답) ☐ 송이

04. 내가 문제를 만들어 풀어 봅니다. (세 자릿수 – 세 자릿수)

(문제 2점 식 2점 답 1점)

풀이)

식) ______ 답) ☐

확인 (틀린 문제의 수를 적고, 약한 부분을 보충하세요.)

회차	틀린문제수
41 회	문제
42 회	문제
43 회	문제
44 회	문제
45 회	문제

생각해보기 (배운 내용이 모두 이해되었나요?)

■ 모두 이해하고 자신있다. → 다음 회로 넘어 갑니다.

■ 1~2문제 틀릴 수는 있겠지만 거의 이해한다.
→ 개념부분을 한번 더 읽고 다음 회로 넘어 갑니다.

■ 잘 모르는 것 같다.
→ 개념부분과 **틀린문제**를 한번 더 보고 다음 회로 넘어 갑니다.

오답노트 (앞에서 틀린 문제나 기억하고 싶은 문제를 적습니다.)

회 번	
문제	풀이

회 번	
문제	풀이

회 번	
문제	풀이

회 번	
문제	풀이

회 번	
문제	풀이

46 세 자릿수의 뺄셈 (연습2)

월 일
분 초

15 문제 중 문제 맞

아래 식을 계산하여 값을 적으세요.

01. 517−175=

02. 413−245=

03. 834−278=

04. 953−216=

05. 576−388=

06. 498−359=

07. 662−323=

08. 912−707=

09. 809−266=

10. 398−119=

11. 835−208=

12. 907−783=

13. 674−142=

14. 463−326=

15. 827−458=

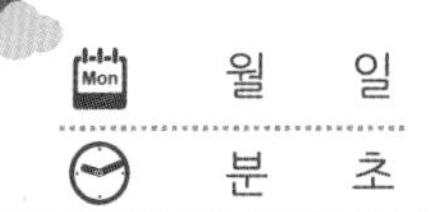

받아 올림에 주의하여 계산해 보세요.

01.
	8	5	9
−	5	9	5

02.
	6	1	8
−	3	5	7

03.
	8	3	9
−	4	5	2

04.
	8	7	6
−	6	0	9

05.
	4	1	3
−	1	5	4

06.
	9	7	7
−	8	8	9

07.
	6	5	2
−	1	9	6

08.
	4	1	9
−	2	6	3

09.
	6	1	7
−	3	7	8

10.
	7	6	7
−	3	5	6

11.
	6	2	4
−	3	5	4

12.
	6	9	2
−	3	6	7

13.
	7	4	1
−	5	6	9

14.
	9	5	3
−	1	0	8

15.
	5	2	4
−	3	6	5

48 세 자릿수의 뺄셈 (연습4)

아래 식을 계산하여 값을 적으세요.

01. 413−135=

02. 509−464=

03. 632−287=

04. 641−349=

05. 986−178=

06. 683−589=

07. 669−196=

08. 537−319=

09. 847−378=

10. 302−257=

11. 835−208=

12. 907−783=

13. 674−142=

14. 463−326=

15. 827−458=

49 세 자릿수의 뺄셈 (연습5)

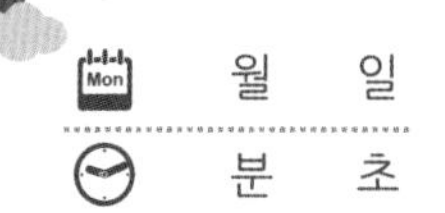

받아 올림에 주의하여 계산해 보세요.

01. $\begin{array}{r} 837 \\ -\ 645 \\ \hline \end{array}$

02. $\begin{array}{r} 506 \\ -\ 398 \\ \hline \end{array}$

03. $\begin{array}{r} 755 \\ -\ 576 \\ \hline \end{array}$

04. $\begin{array}{r} 816 \\ -\ 527 \\ \hline \end{array}$

05. $\begin{array}{r} 525 \\ -\ 159 \\ \hline \end{array}$

06. $\begin{array}{r} 754 \\ -\ 318 \\ \hline \end{array}$

07. $\begin{array}{r} 646 \\ -\ 367 \\ \hline \end{array}$

08. $\begin{array}{r} 808 \\ -\ 137 \\ \hline \end{array}$

09. $\begin{array}{r} 574 \\ -\ 408 \\ \hline \end{array}$

10. $\begin{array}{r} 644 \\ -\ 167 \\ \hline \end{array}$

11. $\begin{array}{r} 607 \\ -\ 378 \\ \hline \end{array}$

12. $\begin{array}{r} 846 \\ -\ 209 \\ \hline \end{array}$

13. $\begin{array}{r} 413 \\ -\ 185 \\ \hline \end{array}$

14. $\begin{array}{r} 904 \\ -\ 617 \\ \hline \end{array}$

15. $\begin{array}{r} 638 \\ -\ 443 \\ \hline \end{array}$

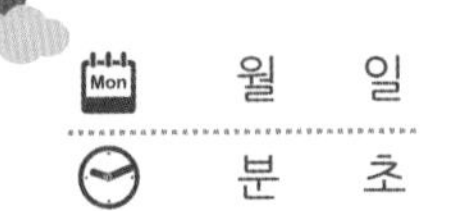

문제) 오늘 우리 어머니 가게에 **315**명이 다녀갔습니다. 남자가 **148**명이라면, 여자는 몇 명 다녀갔을까요?

풀이) 다녀간 사람 수 = 315 남자 수 = 148
여자 수 = 다녀간 사람 수 – 남자 수이므로
식은 315–148이고 값은 167 입니다.
따라서 여자 수는 167명 입니다.

식) 315–148 답) 167명

아래의 문제를 풀어보세요.

01. 오늘 유람선을 탔습니다. 심심해서 사람 수를 보니 **426**명이 탔다고 합니다. 어른이 **256**명이면, 어린이는 몇 명일까요?

풀이) 전체 사람 수 = ☐ 명
어른 수 = ☐ 명
어린이 수 = 전체 사람 수 ☐ 어른 수 이므로
식은 ☐ 이고
답은 ☐ 명 입니다.

식) ________ 답) ☐ 명

02. **168**쪽인 동화책을 읽었습니다. 이어서 **197**쪽인 위인전을 읽을다면, 동화책 보다 몇 쪽을 더 읽게 될까요?

풀이) 동화책 쪽 수 = ☐ 쪽
위인전 쪽 수 = ☐ 쪽
더 많은 쪽 = 위인전 쪽 수 ☐ 동화책 쪽 수 이므로
식은 ☐ 이고
답은 ☐ 쪽 입니다.

식) ________ 답) ☐ 쪽

03. 우리마을 도서관에는 동화책이 **423**권, 위인전이 **379**권 있다고 합니다. 동화책은 위인전보다 몇 권 더 많을까요?

풀이) (식 2점 답 1점)

식) ________ 답) ☐ 권

04. 내가 문제를 만들어 풀어 봅니다. (세 자릿수 – 세 자릿수)

풀이) (문제 2점 식 2점 답 1점)

식) ________ 답) ________

확인 (틀린 문제의 수를 적고, 약한 부분을 보충하세요.)

회차	틀린문제수
46 회	문제
47 회	문제
48 회	문제
49 회	문제
50 회	문제

오답노트 (앞에서 틀린 문제나 기억하고 싶은 문제를 적습니다.)

회 번	
문제	풀이

회 번	
문제	풀이

회 번	
문제	풀이

회 번	
문제	풀이

회 번	
문제	풀이

생각해보기 (배운 내용이 모두 이해되었나요?)

■ 모두 이해하고 자신있다. → 다음 회로 넘어 갑니다.

■ 1~2문제 틀릴 수는 있겠지만 거의 이해한다.
→ 개념부분을 한번 더 읽고 다음 회로 넘어 갑니다.

■ 잘 모르는 것 같다.
→ 개념부분과 **틀린문제**를 한번 더 보고 다음 회로 넘어 갑니다.

51 선분과 각

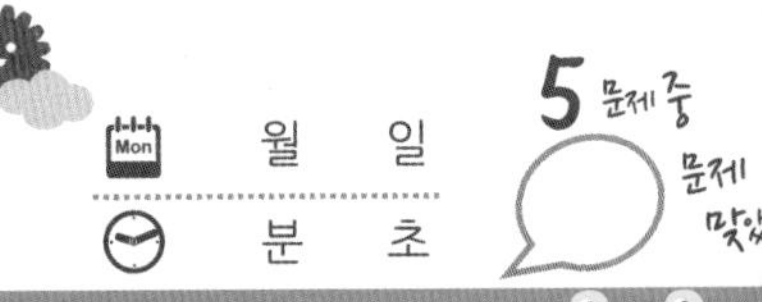

선분 : 두 점을 곧게 이은 선
반직선 : 한점에서 한쪽으로 끝없이 늘인 곧은 선
직선 : 양쪽으로 끝없이 늘인 곧은 선

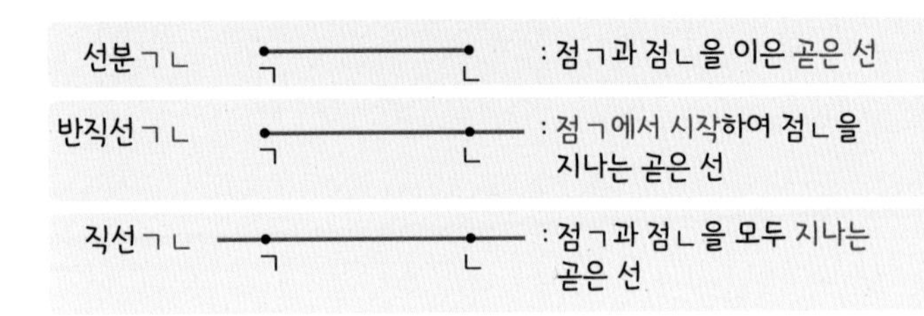

각 : 한 점에서 그은 두 반직선으로 이루어진 도형
직각 : 종이를 반듯하게 두번 접었다가 펼쳤을때 생기는 각 (눕은 선과 완전히 서있는 선의 각)

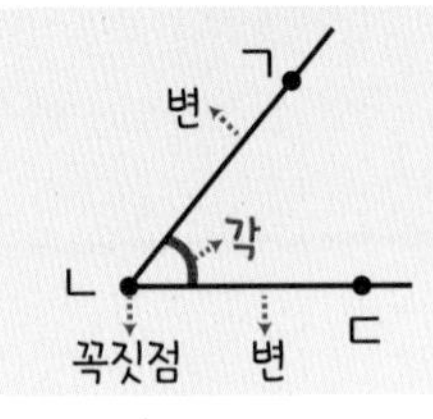

꼭짓점 : 점 ㄴ
변 : 반직선ㄴㄱ, 반직선ㄴㄷ
각읽기 : 각ㄱㄴㄷ 또는 각ㄷㄴㄱ

아래는 선의 특징을 이야기 한 것입니다. 빈칸에 알맞은 글을 적으세요.

01. 두점을 연결하여 양 끝이 점으로 끝나는 곧은 선은 [ ] 이고, 한 점에서 시작해서 다른 점을 지나는 곧은 선(한 점에서만 끝이 나는 곧은 선)은 [ ] 이고, 두 점을 모두 지나는 선을 [ ] 이라고 합니다.

02. 아래 선을 보고 밑에 선의 이름을 적으세요.

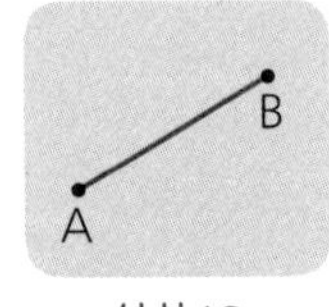

선분AB
(선분BA)

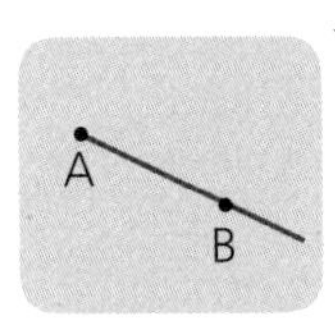

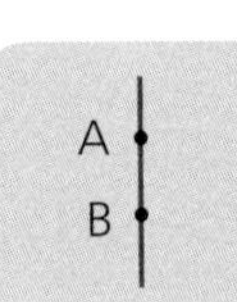

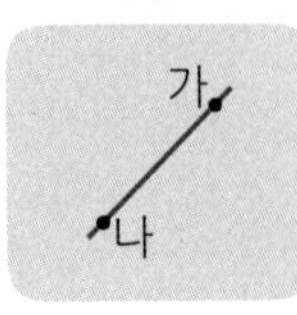

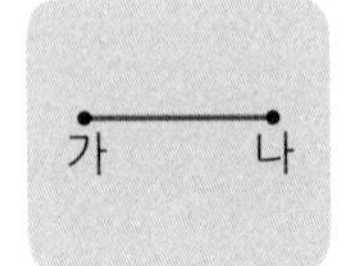

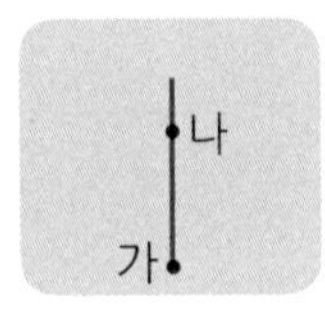

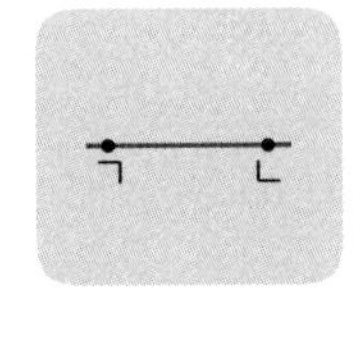

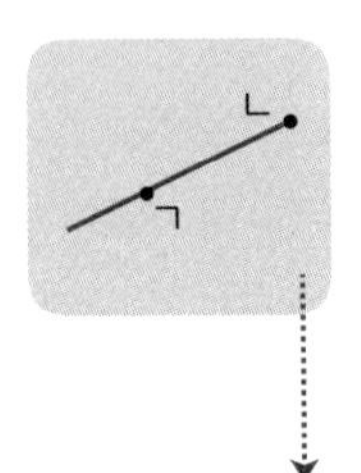

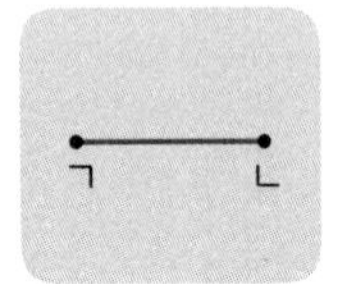

※ 반직선은 시작하는 점의 이름이 꼭 앞에 와야 합니다.
반직선AB와 반직선BA는 다른 직선입니다.

아래는 각의 특징을 이야기 한 것입니다. 빈칸에 알맞은 글을 적으세요.

03. 한 점에서 그은 두 반직선으로 이루어진 도형을 [ ] 이라 하고, (그림) 로 표시합니다. 굽은 선으로 이루어져 있거나, 한 점에서 만나지 않으면 각이 아닙니다.

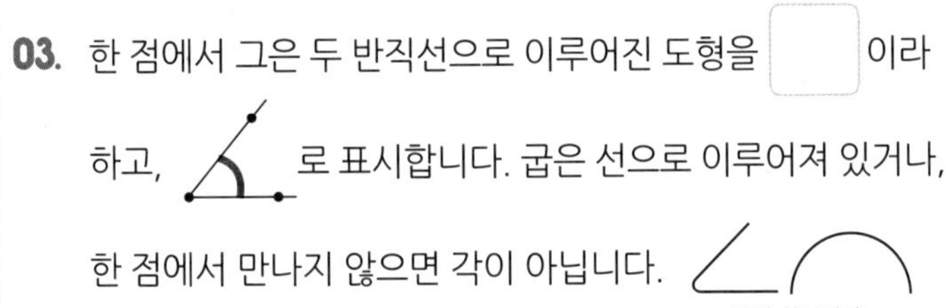

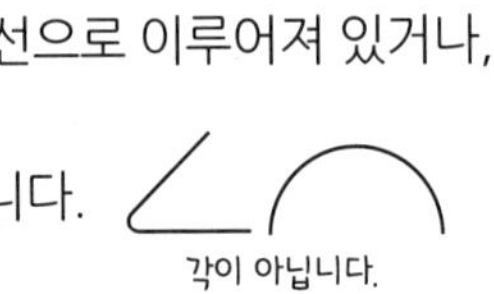

04. 지폐의 네군데 모서리와 같이 눕은 선과 완전히 서있는 선이 만나는 각을 [ ] 이라고 하고, (그림) 로 표시합니다.

05. 아래의 도형을 보고 물음에 답하세요.

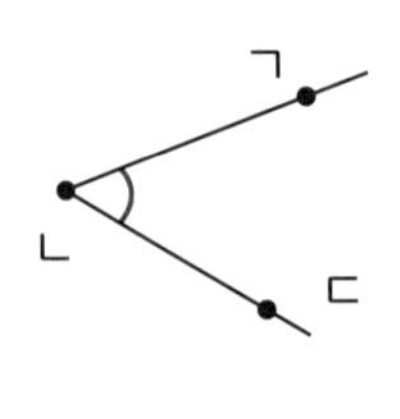

꼭짓점 :
변 :
각읽기 :

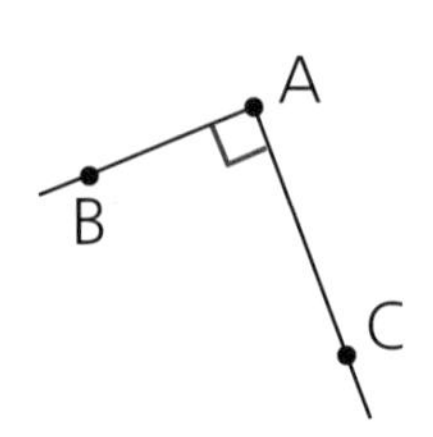

꼭짓점 :
변 :
각읽기 :

※ 변은 반직선AB로 표현하기도 하고,
변AB, 변BA라고 표현하기도 합니다.

직각삼각형 (직삼각형)
한 각이 직각인 삼각형

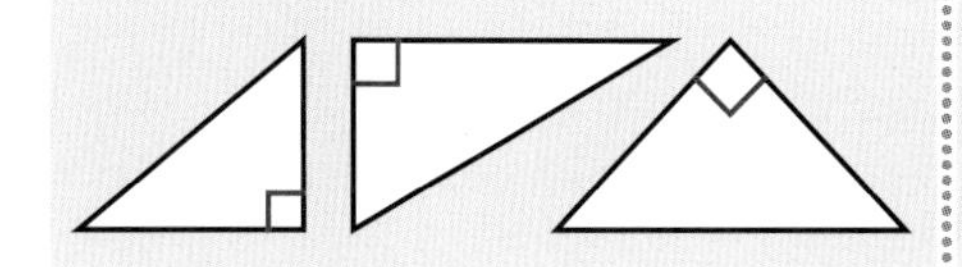

삼각형의 세 각에 삼각자의 직각 부분을 겹쳐 한각이 겹쳐지면 직각삼각형입니다.

직각사각형 (직사각형)
네 각이 모두 직각인 사각형

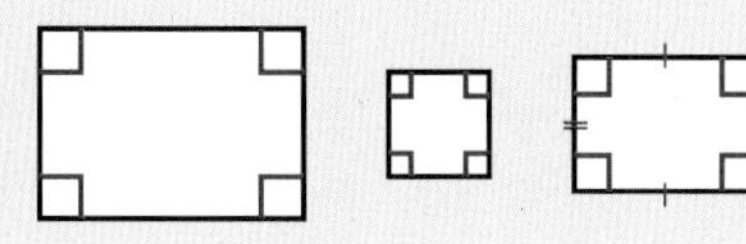

네 각이 모두 직각이면, 네 변의 길이는 같아도, 달라도 모두 직각사각형입니다.

정사각형
네 각이 모두 직각이고,
네 변의 길이가 모두 같은 사각형

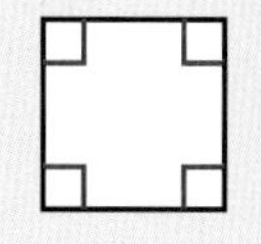

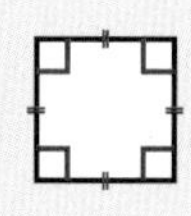

정사각형도 네 각이 모두 직각이므로 직각사각형에 포함됩니다.

아래는 직각삼각형의 특징을 이야기 한 것입니다. 빈칸에 알맞은 글을 적으세요.

01. 여러 모양 중 변이 3개, 꼭짓점이 3개, 각의 수가 3개인 도형을 [   ]이라고 하고, 이 도형 중 한 개의 각이 직각인 모양을 [   ]이라고 합니다.

02. 직각삼각형을 그릴때는 변의 길이에 관계없이 한개의 각이 [   ]이 되도록 그리면 됩니다.

03. 아래에 서로 다른 크기의 직각삼각형 3개를 그려 보세요.

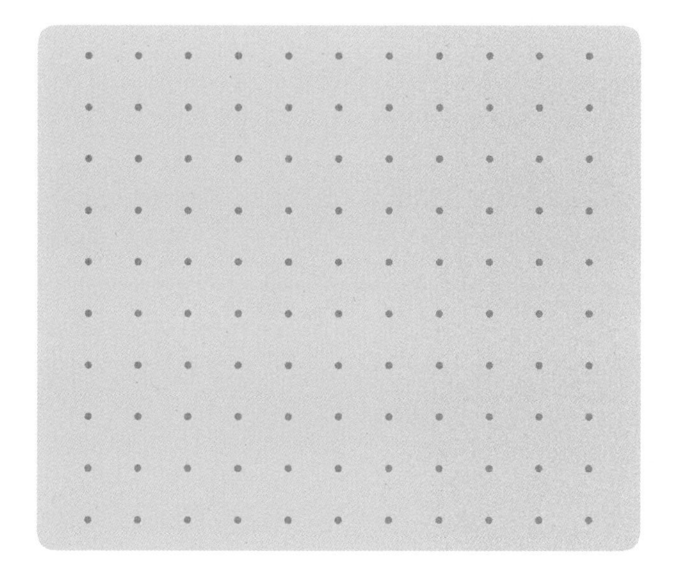

※ 직각을 그리기 위해서는 직각인 물건을 대고 그리면 됩니다.
직각삼각형, 직각사각형을 간단히 직삼각형, 직사각형이라고도 합니다.

아래는 직각사각형과 정사각형의 특징을 이야기 한 것입니다. 빈칸에 알맞은 글을 적으세요.

04. 여러 모양 중 변이 4개, 꼭짓점이 4개, 각의 수가 4개인 도형을 [   ]이라고 하고, 이 도형 중 네 개의 각이 직각인 모양을 [   ]이라고 하고, 네 각이 직각이고, 네 변의 길이도 모두 같은 모양을 [   ]이라고 합니다.

05. 아래에 직각사각형 2개와 정사각형 2개를 그려 보세요.

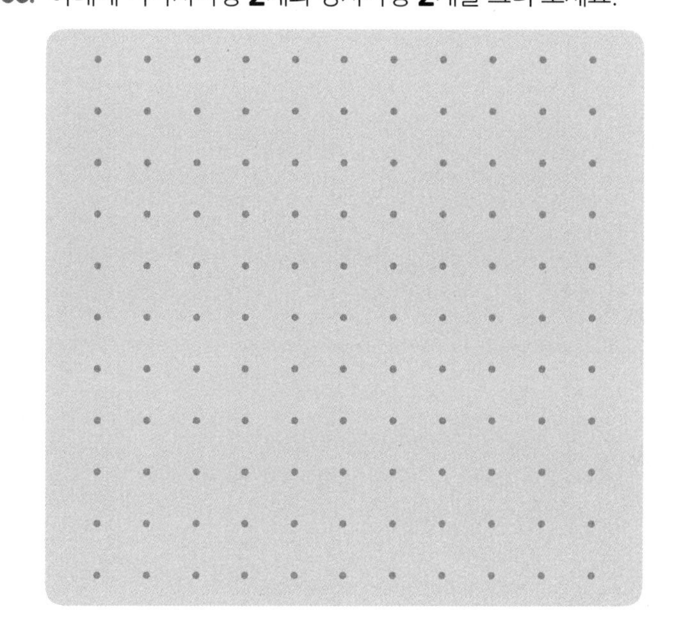

※ 직각사각형은 마주보는 두변의 길이가 같습니다.
정사각형은 모든 변의 길이도 같습니다.

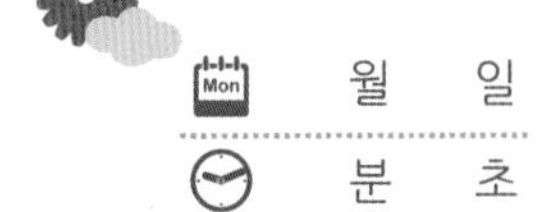

53 평면도형의 밀기와 뒤집기

각 방향으로 밀기

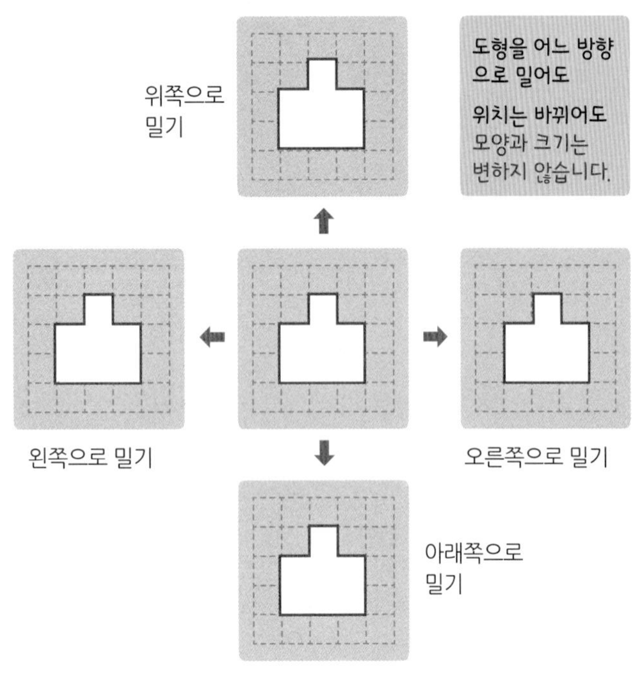

각 방향으로 뒤집기

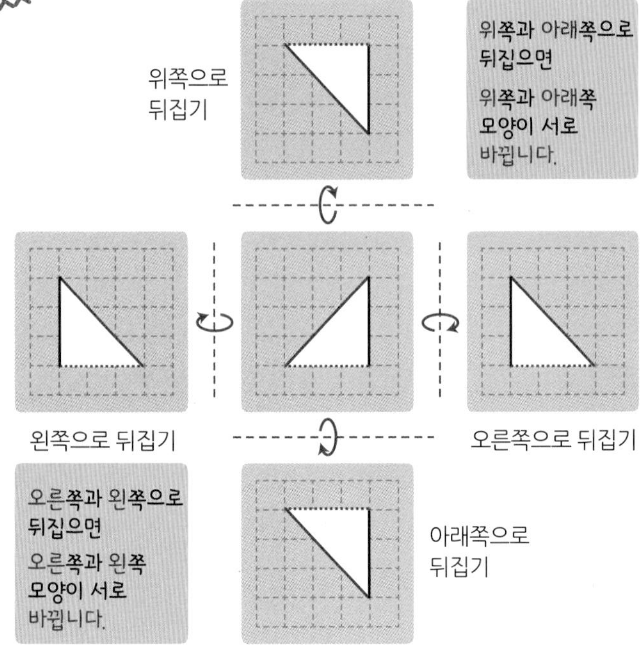

아래 도형을 각 방향으로 밀어 보세요.

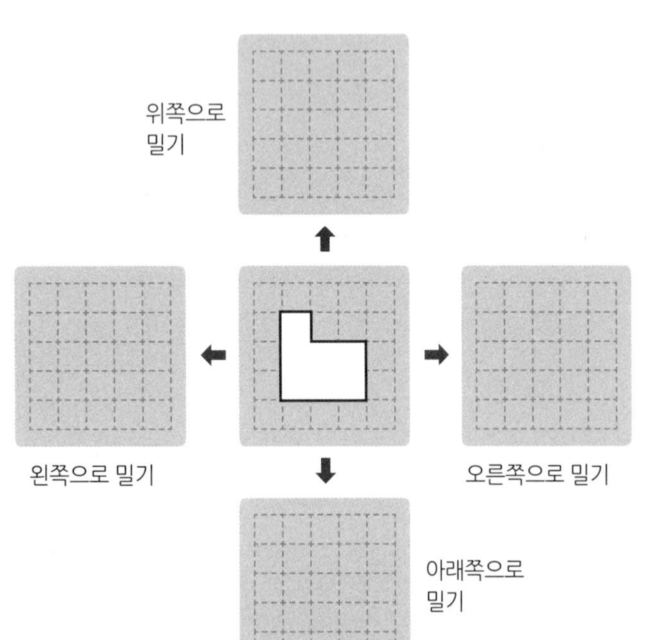

아래 도형을 각 방향으로 뒤집어 보세요.

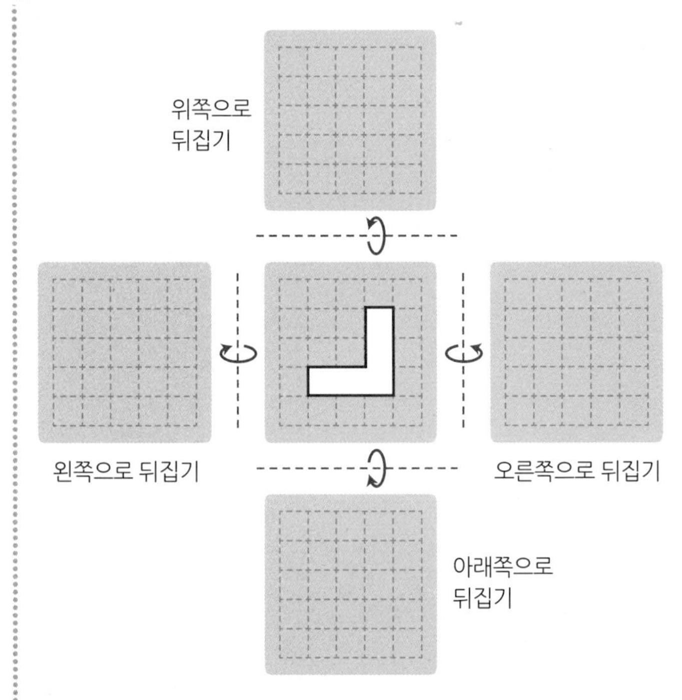

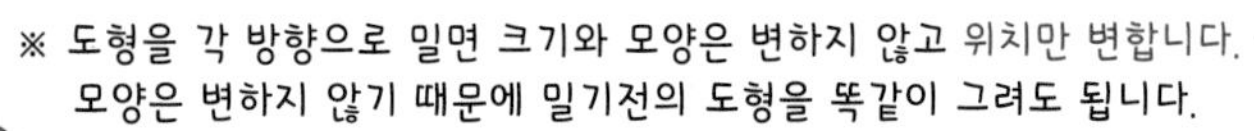
※ 도형을 각 방향으로 밀면 크기와 모양은 변하지 않고 위치만 변합니다.
모양은 변하지 않기 때문에 밀기전의 도형을 똑같이 그려도 됩니다.

※ 도형을 각 방향으로 뒤집으면 뒤집은 쪽 방향으로
모양만 바뀌고, 크기는 변하지 않습니다.

54 평면도형의 돌리기

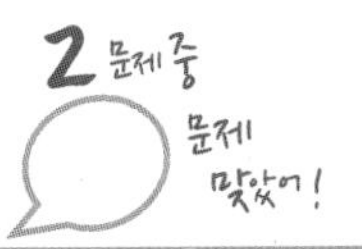

여러 방향으로 돌리기

(오른쪽으로 직각만큼 3번돌리기)

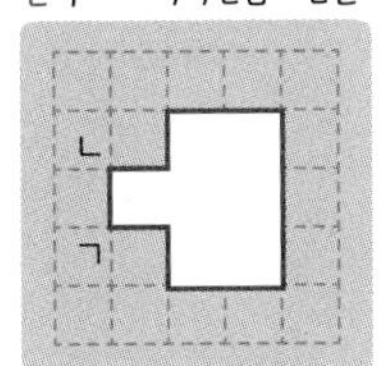

왼쪽으로 직각만큼 돌리기

(오른쪽으로 직각만큼 4번돌리기)

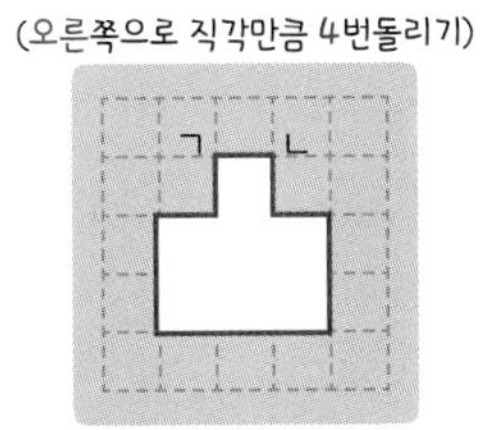

왼쪽으로 직각만큼 4번 돌리기

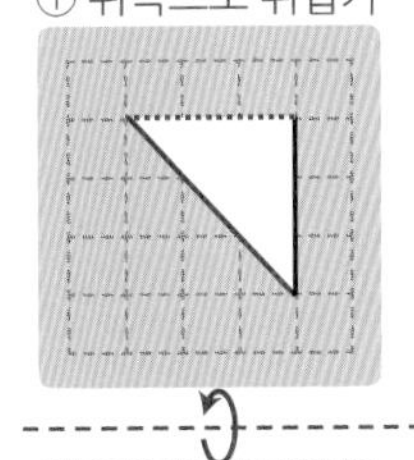

왼쪽으로 직각 만큼 2번 돌리기

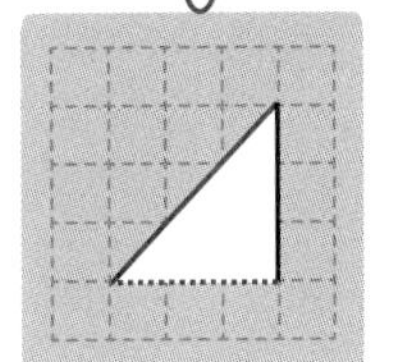

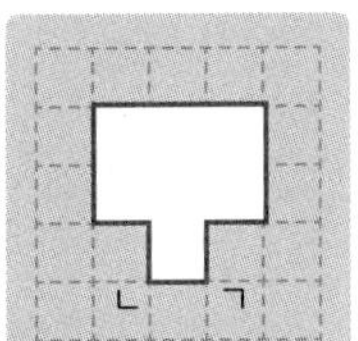

왼쪽으로 직각만큼 3번 돌리기

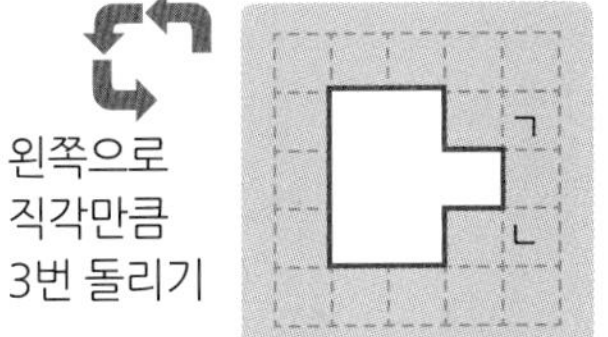

(오른쪽으로 직각만큼 2번돌리기) (오른쪽으로 직각만큼 돌리기)

각 방향으로 뒤집고, 돌리기

① 위쪽으로 뒤집기

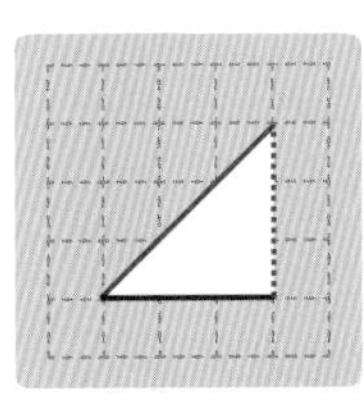

② 오른쪽으로 직각만큼 돌리기

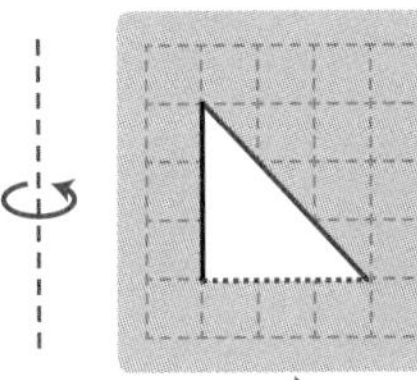

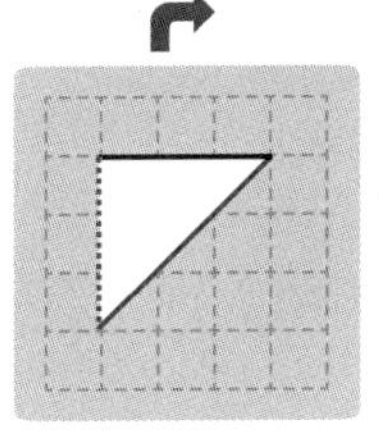

① 오른쪽으로 뒤집기

② 오른쪽으로 직각만큼 돌리기

아래 도형을 각 방향으로 돌려 보세요.

왼쪽으로 직각만큼 돌리기

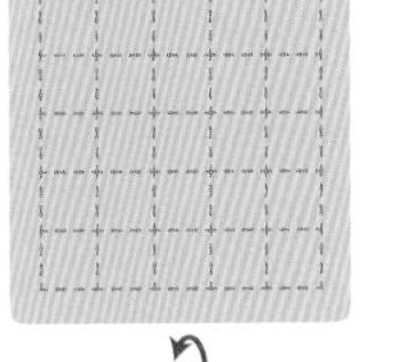

왼쪽으로 직각만큼 4번 돌리기

왼쪽으로 직각 만큼 2번 돌리기

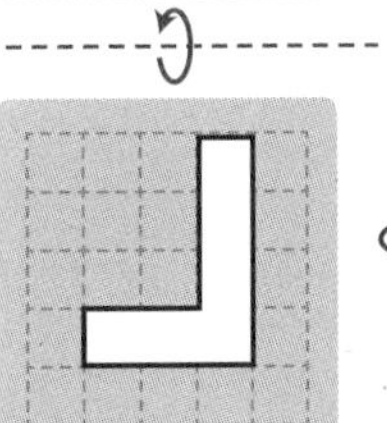

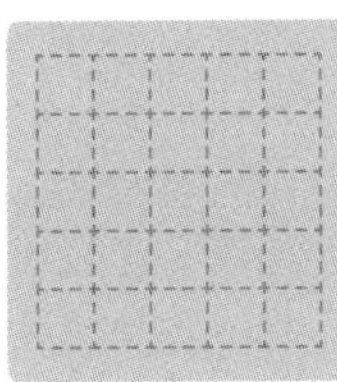

왼쪽으로 직각만큼 3번 돌리기

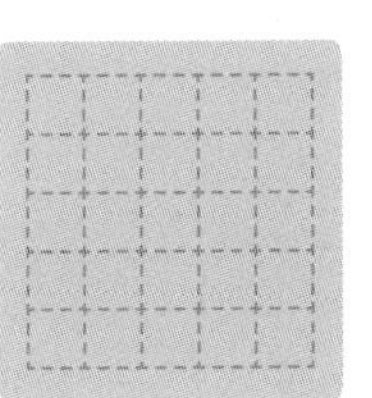

아래 도형을 각 방향으로 뒤집거나, 돌려 보세요.

① 위쪽으로 뒤집기

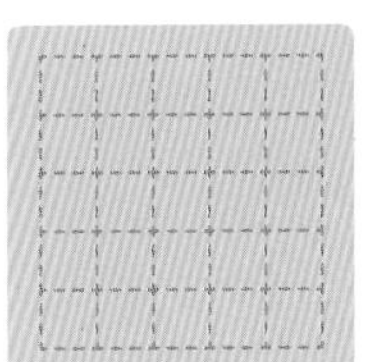

② 오른쪽으로 직각만큼 돌리기

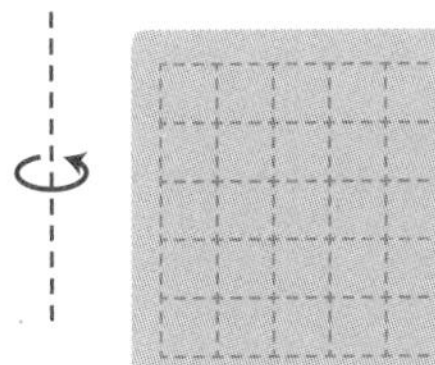

① 오른쪽으로 뒤집기

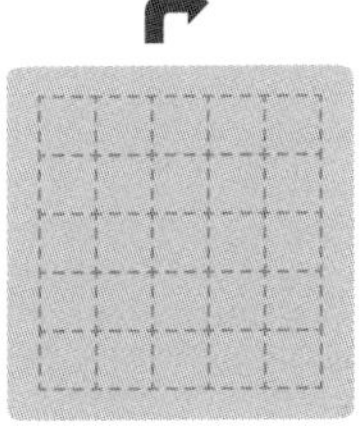

② 오른쪽으로 직각만큼 돌리기

※ 도형을 각 방향으로 돌리면 돌린 방향으로 모양만 바뀌고, 크기는 변하지 않습니다.

※ 뒤집을때는 거울에 비친 모습을 생각하고, 돌릴때는 책을 돌려서 생각해 보세요.

55 뒤집기와 돌리기 (연습)

소리내 풀기 아래 도형을 바꿔보세요.

01. 아래 도형을 밀어서 나오는 도형을 그려보세요.

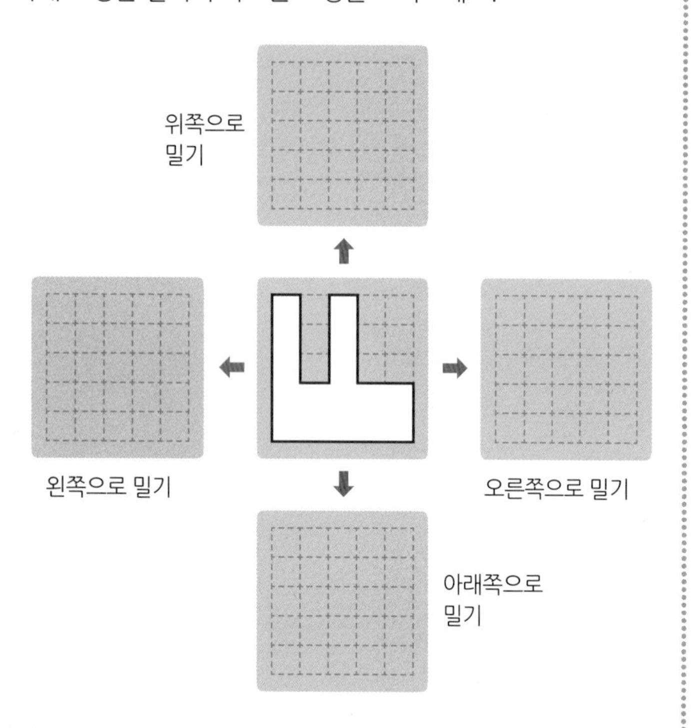

03. 아래 도형을 돌리면 나오는 도형을 그려보세요.

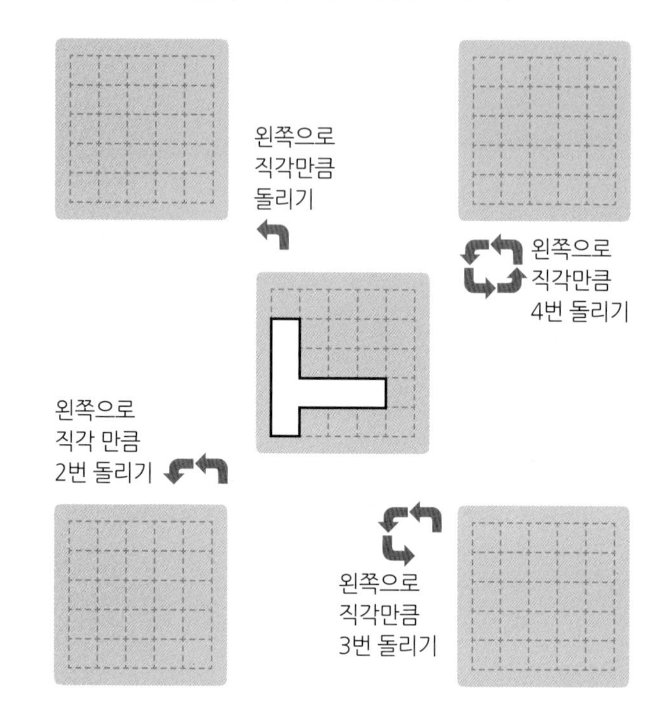

02. 아래 도형을 뒤집어서 나오는 도형을 그려보세요.

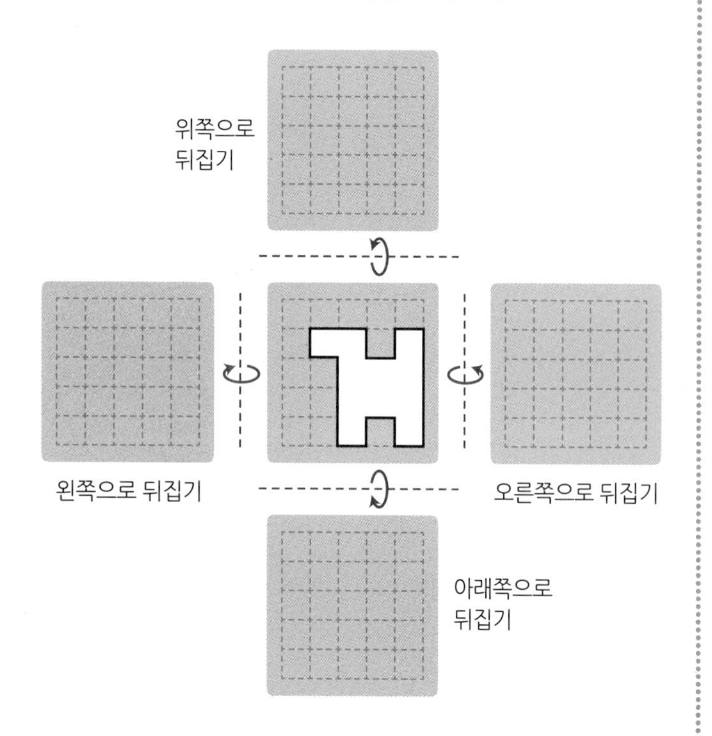

04. 아래 도형을 뒤집거나, 돌려서 나오는 도형을 그려보세요.

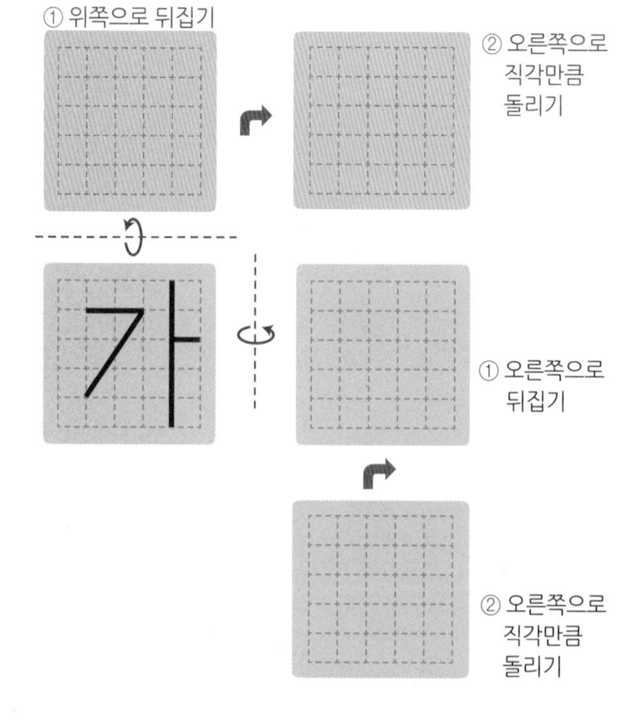

확인 (틀린 문제의 수를 적고, 약한 부분을 보충하세요.)

회차	틀린문제수
51 회	문제
52 회	문제
53 회	문제
54 회	문제
55 회	문제

생각해보기 (배운 내용이 모두 이해되었나요?)

■ 모두 이해하고 자신있다. → 다음 회로 넘어 갑니다.

■ 1~2문제 틀릴 수는 있겠지만 거의 이해한다.
→ 개념부분을 한번 더 읽고 다음 회로 넘어 갑니다.

■ 잘 모르는 것 같다.
→ 개념부분과 [illegible]를 한번 더 보고 다음 회로 넘어 갑니다.

오답노트 (앞에서 틀린 문제나 기억하고 싶은 문제를 적습니다.)

회	번
문제	풀이

회	번
문제	풀이

회	번
문제	풀이

회	번
문제	풀이

회	번
문제	풀이

56 똑같이 나누기

월 일
분 초

4 문제 중 문제 맞

■묶음으로 똑같이 나누기 ➡ ÷ ■

6개를 2묶음으로 똑같이 나누면 한 묶음에 3개씩 됩니다.

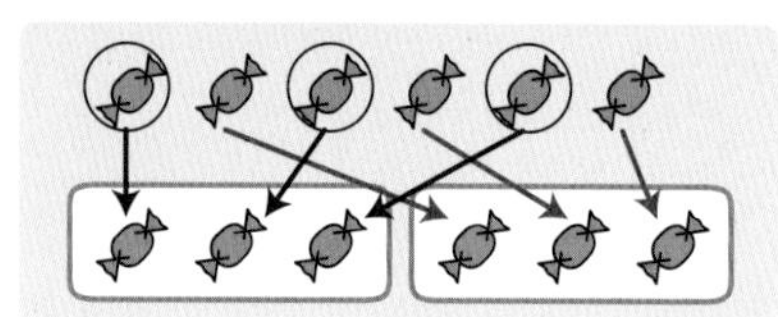

6 ÷ 2 = 3

➡ 이것을 식으로 6 ÷ 2 = 3로 나타내고,
"육 나누기 이는 삼과 같습니다."이라고 읽습니다.

■개씩 똑같이 나누기 ➡ ÷ ■

6개를 2개씩 똑같이 나누면 한 묶음에 3묶음이 됩니다.

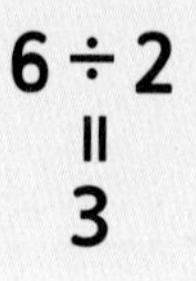

6 ÷ 2 = 3

➡ 이것을 식으로 6 ÷ 2 = 3로 나타냅니다.
이 때 3은 6을 2로 나눈 몫이라고 합니다.

위의 내용을 이해하고 아래의 그림을 보고, 빈칸에 들어갈 알맞은 수나 글을 적으세요.

01.

사과 8개를 2묶음으로 똑같이 나누면 ☐ 개씩 됩니다.

이 것을 식으로 8 ☐ 2 = ☐ 로 나타내고,

"8 ☐ 2는 ☐ 와 같습니다."라고 읽습니다.

이때 ☐ 는 8을 2로 나눈 ☐ 이라고 합니다.

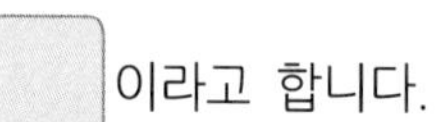

02.

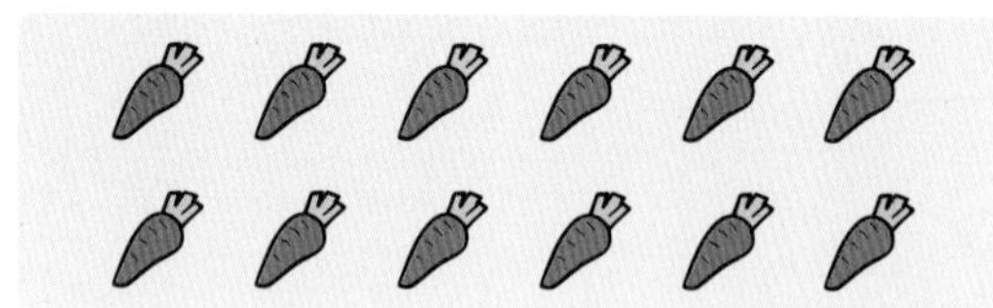

당근 12개를 3묶음으로 똑같이 나누면 ☐ 개씩 됩니다.

이 것을 식으로 ________ 로 나타내고,

" ________ "라고 읽습니다.

이때 ☐ 는 12를 3으로 나눈 ☐ 이라고 합니다.

03.

케익 12개를 4개씩 묶으면 ☐ 묶음 입니다.

이 것을 식으로 12 ☐ 4 = ☐ 로 나타내고,

"12 ☐ 4는 ☐ 과 같습니다."라고 읽습니다.

이때 ☐ 은 12를 4로 나눈 ☐ 이라고 합니다.

04.

도넛 10개를 5개씩 묶으면 ☐ 묶음 입니다.

이 것을 식으로 ________ 로 나타내고,

" ________ "라고 읽습니다.

이때 ☐ 는 10을 5로 나눈 ☐ 이라고 합니다.

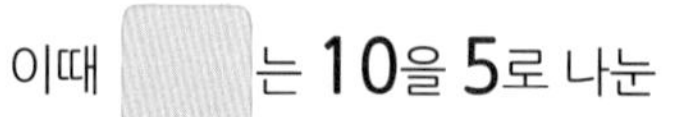

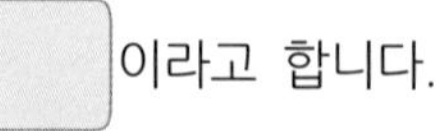

57 곱셈식을 나눗셈식으로 바꾸기

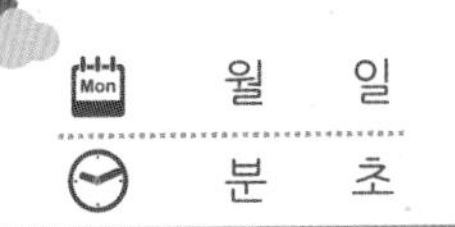

곱셈식을 보고 **나눗셈식** 만들기

$4 \times 2 = 8$ ➡ $8 \div 2 = 4$
$8 \div 4 = 2$

$4 \times 2 = 8$ → $8 \div 2 = 4$, $8 \div 4 = 2$

나눗셈식을 보고 **곱셈식** 만들기

$8 \div 2 = 4$ → $4 \times 2 = 8$, $2 \times 4 = 8$

곱셈식을 보고 나눗셈식을 만들고, 나눗셈식은 곱셈식을 만들어 보세요.

01. $2 \times 4 = 8$
➡ 8 ÷ 4 = 2
➡ □ ÷ □ = □

02. $5 \times 6 = 30$
➡ □ ÷ □ = □
➡ □ ÷ □ = □

03. $3 \times 7 = 21$
➡ ....
➡ ....

04. $6 \times 4 = 24$
➡ ....
➡ ....

05. $42 \div 7 = 6$
➡ 6 × 7 = 42
➡ □ × □ = □

06. $72 \div 9 = 8$
➡ □ × □ = □
➡ □ × □ = □

07. $15 \div 3 = 5$
➡ ....
➡ ....

08. $24 \div 6 = 4$
➡ ....
➡ ....

09. $2 \times 6 = 12$ ➡ ÷ 6 =

10. $5 \times 4 = 20$ ➡ ÷ 5 =

11. $8 \times 3 = 24$ ➡ ÷ = 8

12. $56 \div 8 = 7$ ➡ × 8 =

13. $45 \div 5 = 9$ ➡ × 9 =

14. $28 \div 7 = 4$ ➡ 7 × =

※ 곱셈식과 나눗셈식에 있는 숫자 3개 중
작은 수 2개를 곱하면 제일 큰 수가 되고, 제일 큰 수를 작은 수로 나누면 다른 작은 수가 됩니다.

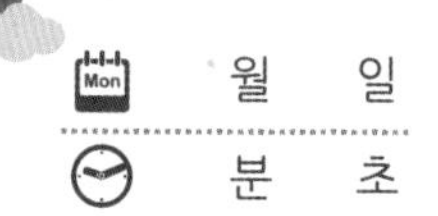

58 나눗셈식의 몫 구하기

24 ÷ 8의 몫 구하기

나눗셈의 몫은 곱셈구구를 외우면서 구합니다.

나누는 수인 **8**의 곱셈구구를 외우다가 **24**가 나오는 값이 **몫**이 됩니다.

$8 \times 1 = 8$
$8 \times 2 = 16$
$8 \times 3 = 24$ → $24 \div 8 = 3$
$8 \times 4 = 32$

곱셈식을 나눗셈 식으로 바꾸면

그래서 몫은 **3**이 됩니다.

나눗셈을 밑(세로)으로 몫 구하기

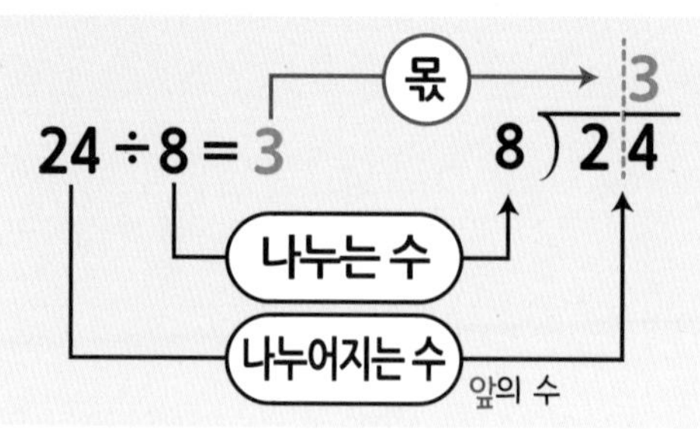

몫을 적을때는 자리수에 맞춰 적습니다.

식에서 앞의 수가 기호의 안에 들어가고, 나누는 수인 뒤의 수를 앞에 적습니다. 몫은 위쪽에 적습니다.

아래 나눗셈의 몫을 구하세요.

01. $12 \div 4 = \square$
   4 × 1 = 4, 4 × 2 = 8, 4 × 3 = 12, 4 × 4 = 16, 4 × 5 = 20.....

02. $25 \div 5 = \square$
   5 × 1 = 5, 5 × 2 = 10, 5 × 3 = 15, 5 × 4 = 20, 5 × 5 = 25.....

03. $16 \div 8 = \square$

04. $24 \div 6 = \square$

05. $12 \div 2 = \square$

06. $21 \div 7 = \square$

07. $18 \div 3 = \square$

나눗셈식의 몫을 구하고, 세로식으로 고쳐 적으세요.

08. $24 \div 3 = \square$ ➡ 3) 2 4

09. $27 \div 9 = \square$ ➡

10. $30 \div 5 = \square$ ➡

11. $18 \div 2 = \square$ ➡

12. $28 \div 7 = \square$ ➡

※ 나누는 수(뒤의 수)에 해당하는 곱셈구구를 외우다가 나뉠수 (앞의 수)가 나오면 멈추고 몫을 적습니다.

59 나눗셈식의 몫 구하기 (연습1)

아래 나눗셈의 몫을 구하세요.

01. $27 \div 9 = \square$

02. $40 \div 5 = \square$

03. $48 \div 8 = \square$

04. $56 \div 7 = \square$

05. $10 \div 2 = \square$

06. $16 \div 4 = \square$

07. $32 \div 8 = \square$

08. $21 \div 3 = \square$

09. $64 \div 8 = \square$

10. $24 \div 6 = \square$

11. $18 \div 9 = \square$

12. $42 \div 7 = \square$

13. $30 \div 5 = \square$

14. $28 \div 4 = \square$

15. $15 \div 3 = \square$

16. $20 \div 5 = \square$

17. $9 \overline{)\,72}$

18. $6 \overline{)\,54}$

19. $7 \overline{)\,35}$

20. $8 \overline{)\,56}$

21. $4 \overline{)\,16}$

60 나눗셈식의 몫 구하기 (연습2)

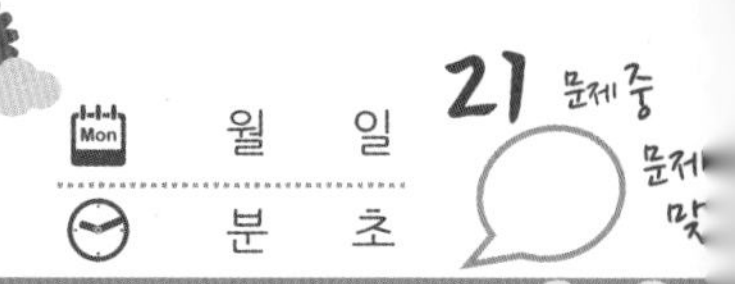

아래 나눗셈의 몫을 구하세요.

01. $54 \div 6 = \square$

02. $18 \div 3 = \square$

03. $20 \div 4 = \square$

04. $28 \div 7 = \square$

05. $15 \div 5 = \square$

06. $56 \div 8 = \square$

07. $16 \div 2 = \square$

08. $30 \div 6 = \square$

09. $35 \div 7 = \square$

10. $72 \div 8 = \square$

11. $18 \div 2 = \square$

12. $63 \div 9 = \square$

13. $21 \div 3 = \square$

14. $36 \div 4 = \square$

15. $25 \div 5 = \square$

16. $48 \div 6 = \square$

17. $9\overline{)36}$ (몫: $\square$)

18. $6\overline{)18}$ (몫: $\square$)

19. $7\overline{)35}$ (몫: $\square$)

20. $9\overline{)81}$ (몫: $\square$)

21. $5\overline{)10}$ (몫: $\square$)

확인 (틀린 문제의 수를 적고, 약한 부분을 보충하세요.)

회차	틀린문제수
56 회	문제
57 회	문제
58 회	문제
59 회	문제
60 회	문제

생각해보기 (배운 내용이 모두 이해되었나요?)

■ 모두 이해하고 자신있다. → 다음 회로 넘어 갑니다.

■ 1~2문제 틀릴 수는 있겠지만 거의 이해한다.
→ 개념부분을 한번 더 읽고 다음 회로 넘어 갑니다.

■ 잘 모르는 것 같다.
→ 개념부분과 틀린문제를 한번 더 보고 다음 회로 넘어 갑니다.

오답노트 (앞에서 틀린 문제나 기억하고 싶은 문제를 적습니다.)

회 번	
문제	풀이

회 번	
문제	풀이

회 번	
문제	풀이

회 번	
문제	풀이

회 번	
문제	풀이

61 나눗셈식의 □구하기

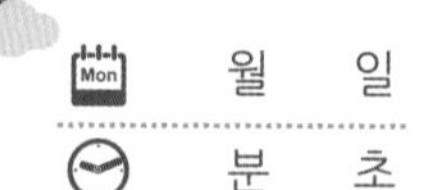

□ ÷ 8 = 3의 □ 구하기

나눗셈식을 곱셈식으로 바꾸면 값을 구할 수 있습니다.

□ ÷ 8 = 3 ⟶ 8 × 3 = □

8 × 3 = 24이므로 □ = 24입니다.

30 ÷ □ = 5의 □ 구하기

나눗셈식을 곱셈식으로 바꾸면 값을 구할 수 있습니다.

30 ÷ □ = 5 ⟶ □ × 5 = 30

곱셈 구구의 5단을 외워보면 30이 되는 수는 6이므로 □ = 6입니다.

나눗셈식에서 □를 구하려고 합니다. □에 알맞은 수를 적으세요.

01. □ ÷ 4 = 7

□ ÷ 4 = 7을 곱셈식으로 바꿔보면

4 × 7 = □이므로 □= [ ] 입니다.

그러므로, [ ] ÷ 4 = 7입니다.

02. 36 ÷ □ = 9

36 ÷ □ = 9를 곱셈식으로 바꿔보면

□ × 9 = 36이므로 곱셈구구의 [ ] 단을

외워보면 36이 되는 수는 [ ] 이므로,

□= [ ] 입니다.

그러므로, 36 ÷ [ ] = 9입니다.

03. 18 ÷ □ = 2 에서 □= [ ] 입니다.

04. □ ÷ 5 = 4 에서 □= [ ] 입니다.

05. □ ÷ 7 = 7 에서 □= [ ] 입니다.

06. □ ÷ 3 = 5 에서 □= [ ] 입니다.

07. 24 ÷ □ = 4 에서 □= [ ] 입니다.

08. 64 ÷ □ = 8 에서 □= [ ] 입니다.

※ 아는 수(2)의 곱셈구구를 외워 앞의 수(18)가 나올때까지 외우면 모르는 값을 알 수 있습니다.

62 나눗셈식의 □구하기 (연습)

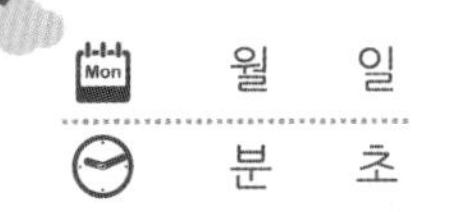

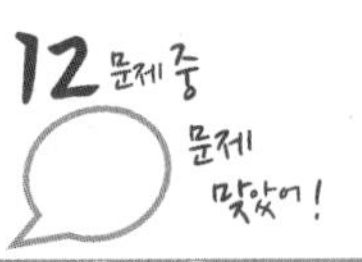

리내 풀기 나눗셈식에서 □의 값을 구하려고 합니다. ☐에 알맞은 수를 적으세요.

01. □ ÷ 7 = 8 에서 □= ☐ 입니다.

02. □ ÷ 4 = 9 에서 □= ☐ 입니다.

03. □ ÷ 5 = 3 에서 □= ☐ 입니다.

04. □ ÷ 9 = 6 에서 □= ☐ 입니다.

05. □ ÷ 6 = 7 에서 □= ☐ 입니다.

06. □ ÷ 3 = 4 에서 □= ☐ 입니다.

07. 72 ÷ □ = 9 에서 □= ☐ 입니다.

08. 56 ÷ □ = 8 에서 □= ☐ 입니다.

09. 18 ÷ □ = 3 에서 □= ☐ 입니다.

10. 28 ÷ □ = 7 에서 □= ☐ 입니다.

11. 64 ÷ □ = 8 에서 □= ☐ 입니다.

12. 30 ÷ □ = 5 에서 □= ☐ 입니다.

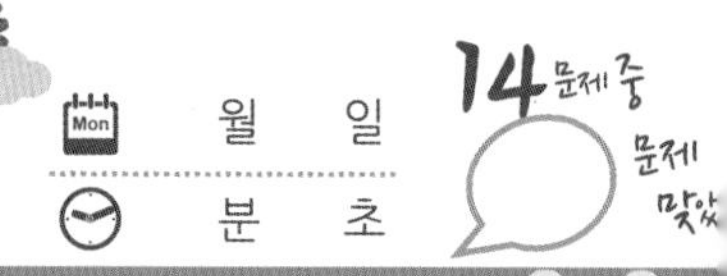

63 나눗셈 (연습1)

앞의 수에서 위의 수를 나누어 생기는 몫을 적으세요.

보기

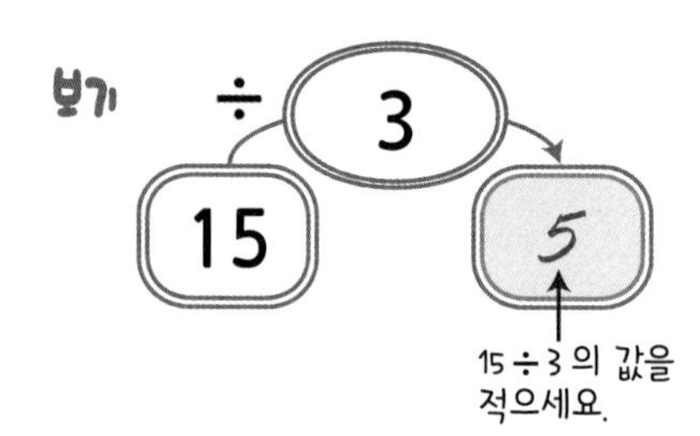

01.

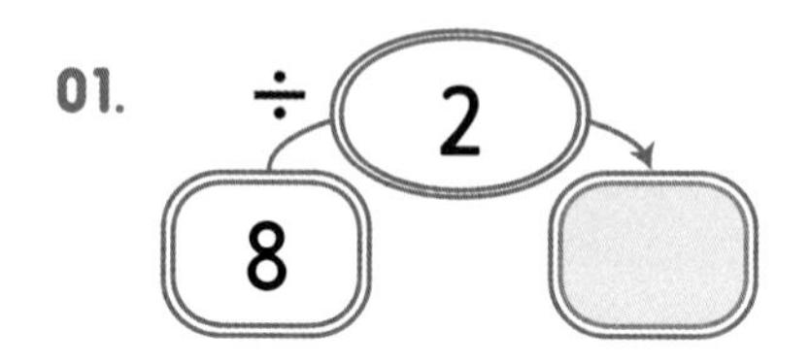

02. ÷ 5

25 → ☐

03. ÷ 4

36 → ☐

04. ÷ 8

64 → ☐

05.

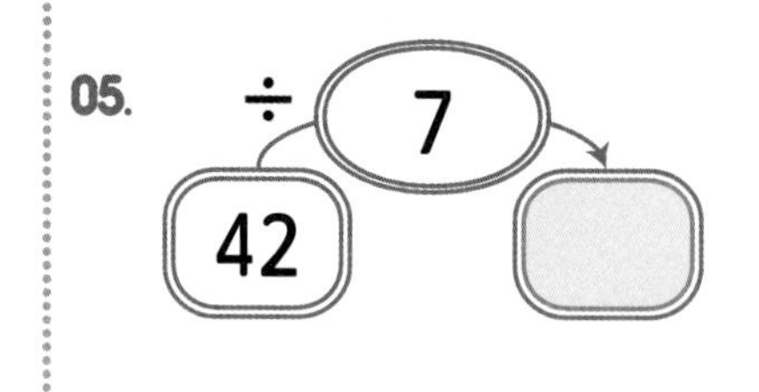

06.

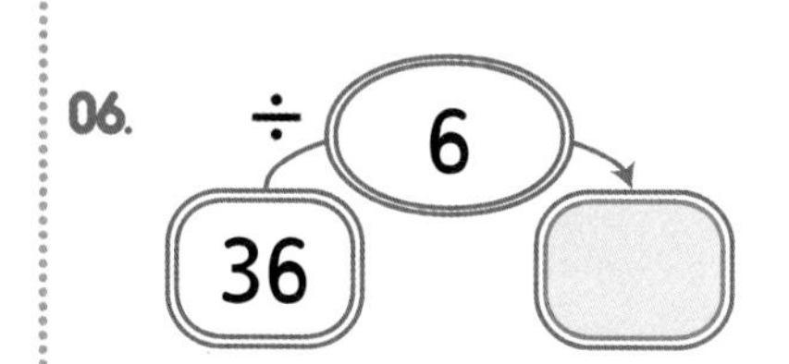

07.

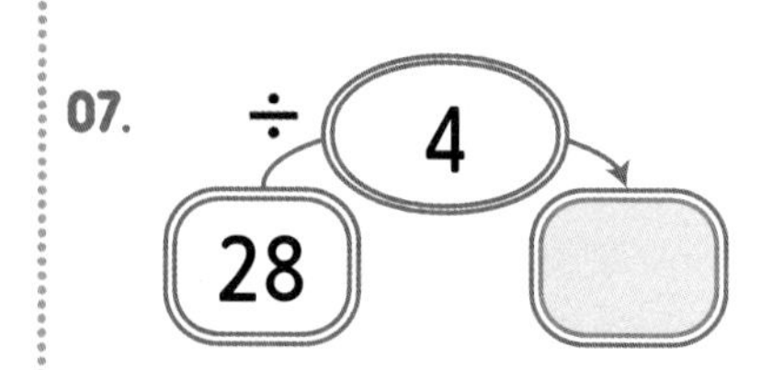

08. ÷ 9

27 → ☐

09. ÷ 5

30 → ☐

10.

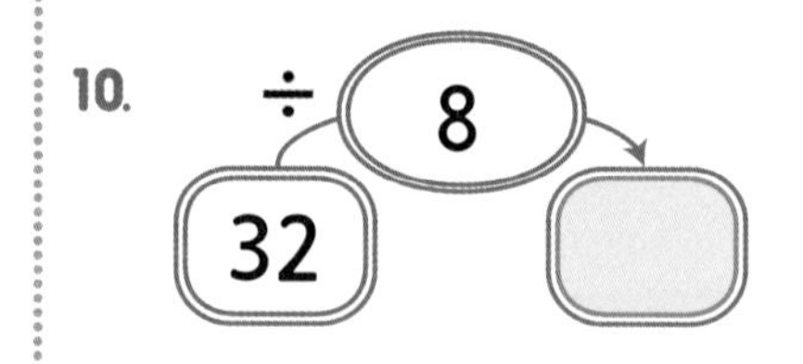

11.

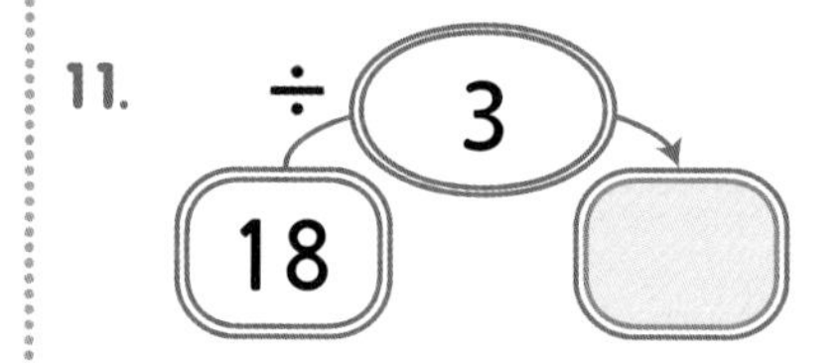

12.

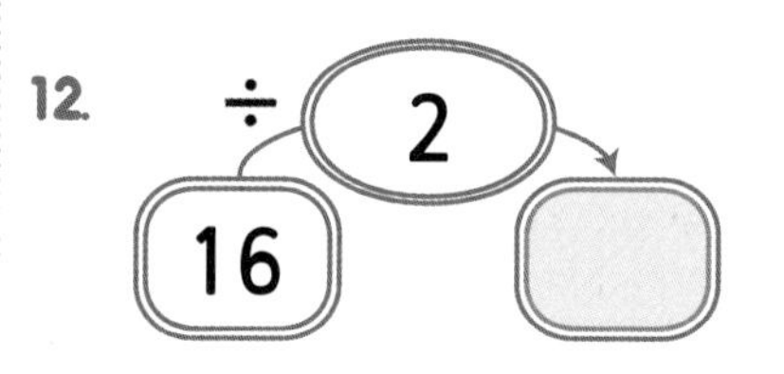

13. ÷ 9

63 → ☐

14. ÷ 9

81 → ☐

※ 틀린 문제가 있다면 그것에 해당하는 구구단을 5번 다시 읽거나 적어 봅니다.
(곱셈구구를 완전히 외우지 못하면 나눗셈을 잘 할 수 없습니다.)

64 나눗셈 (연습2)

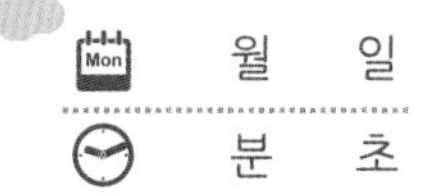

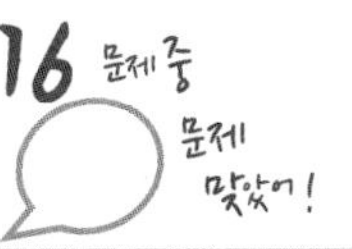

소리내 풀기 위의 숫자가 아래의 통에 들어가면 나오는 수를 계산해서 ▢에 적으세요.

01. 24 → ÷ 8 → ▢

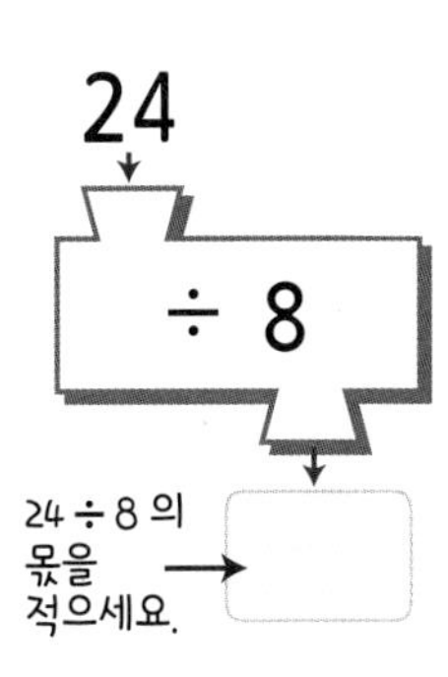

02. 45 → ÷ 5 → ▢

03. 14 → ÷ 7 → ▢

04. 36 → ÷ 6 → ▢

05. 32 → ÷ 4 → ▢

06. 63 → ÷ 9 → ▢

07. 9 → ÷ 3 → ▢

08. 40 → ÷ 8 → ▢

09. 8 → ÷ 2 → ▢

10. 56 → ÷ 7 → ▢

11. 30 → ÷ 5 → ▢

12. 16 → ÷ 4 → ▢

13. 32 → ÷ 8 → ▢

14. 18 → ÷ 6 → ▢

15. 21 → ÷ 3 → ▢

16. 72 → ÷ 9 → ▢

65 나눗셈 (생각문제)

월 일
분 초

문제) 사탕 20개를 친구 4명에게 똑같이 나눠 주려고 합니다. 1명이 몇 개씩 가지게 될까요?

풀이) 전체 사탕 수 = 20 친구 수 = 4
1명당 사탕 수 = 전체 사탕 수 ÷ 친구 수 이므로
식은 20÷4이고 값은 5입니다.
따라서 1명당 사탕 5개씩 나눠 가지게 됩니다.

식) 20÷4 답) 5개

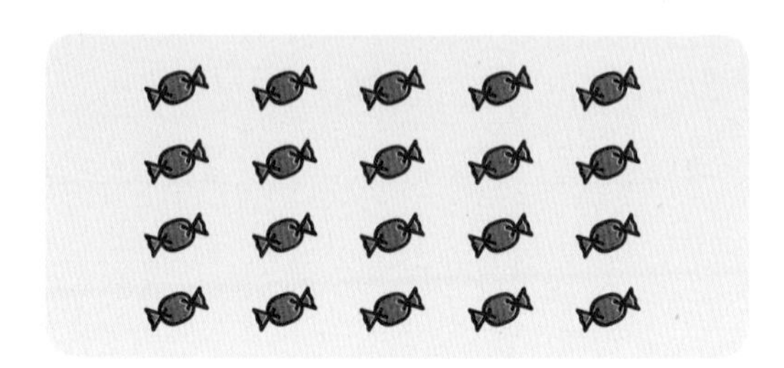

아래의 문제를 풀어보세요.

01. 연필 36개를 6개의 필통에 똑같이 담았습니다. 필통 1개에는 필통이 몇 개 들었을까요?

풀이) 전체 연필 수 = ☐ 개
필통 수 = ☐ 개
필통 1개 안의 연필 수 = 전체 연필 수 ☐ 필통 수
이므로 식은 ☐ 이고
답은 ☐ 개 입니다.

식) ________ 답) ☐ 개

02. 우리반 32명을 4명씩으로 된 모둠으로 만들려고 합니다. 다 만들면 우리반은 몇 개의 모둠이 될까요?

풀이) 우리반 학생 수 = ☐ 명
1 모둠 사람 수 = ☐ 명
모둠 수 = 우리반 학생 수 ☐ 1 모둠 사람 수 이므로
식은 ☐ 이고
답은 ☐ 개 입니다.

식) ________ 답) ☐ 개

03. 교실에 있는 화분 12개를 3명이 나눠서 물을 주기로 했습니다. 한 명 당 화분 몇 개에 물을 주면 될까요?

(식 2점 답 1점)

풀이)

식) ________ 답) ☐ 개

04. 내가 문제를 만들어 풀어 봅니다. (나누기)

(문제 2점 식 2점 답 1점)

풀이)

식) ________ 답) ________

확인 (틀린 문제의 수를 적고, 약한 부분을 보충하세요.)

회차	틀린문제수
61 회	문제
62 회	문제
63 회	문제
64 회	문제
65 회	문제

생각해보기 (배운 내용이 모두 이해되었나요?)

■ 모두 이해하고 자신있다. → 다음 회로 넘어 갑니다.

■ 1~2문제 틀릴 수는 있겠지만 거의 이해한다.
→ 개념부분을 한번 더 읽고 다음 회로 넘어 갑니다.

■ 잘 모르는 것 같다.
→ 개념부분과 [illegible] 를 한번 더 보고 다음 회로 넘어 갑니다.

오답노트 (앞에서 틀린 문제나 기억하고 싶은 문제를 적습니다.)

회	번
문제	풀이

회	번
문제	풀이

회	번
문제	풀이

회	번
문제	풀이

회	번
문제	풀이

66 몇십 × 몇

20×3의 계산

10개묶음 2개씩 3묶음은 10개 묶음 6개 입니다.

10개묶음 6개는 낱개로 60개 입니다.

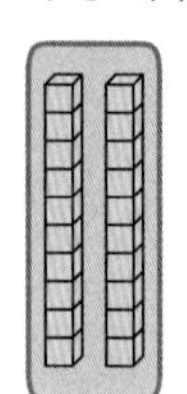
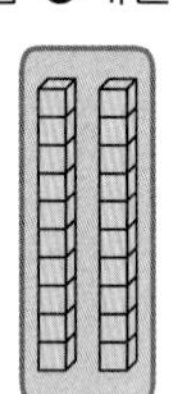
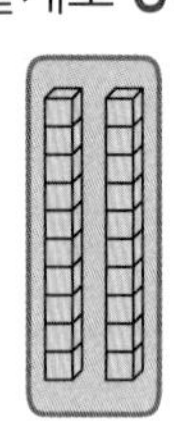

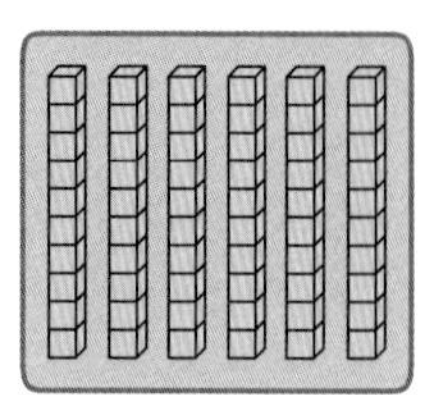

2개씩 3묶음 : 2 + 2 + 2 = 2 × 3 = 6

20개씩 3묶음 : 20+20+20 = 20 × 3 = 60

20×3의 계산방법

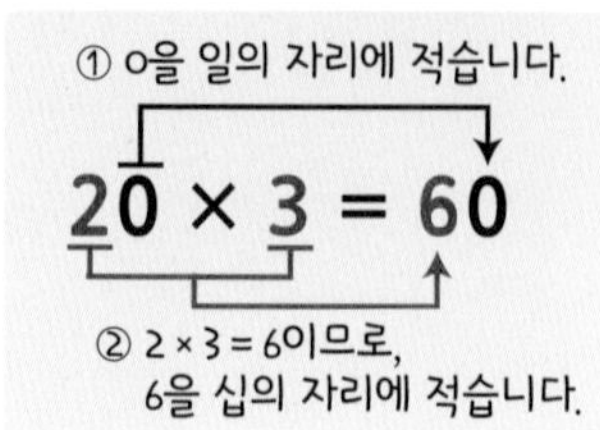

$$\begin{array}{r} 2\,0 \\ \times\ \ 3 \\ \hline 6\,0 \end{array}$$

2×3=6에서 값 6을 십의 자리에 쓰고, 일의 자리에 0을 씁니다. 곱해지는 수 2가 십의 자리 2이기 때문에 값을 십의 자리에 적는 것입니다.

위의 내용을 잘 이해하고 아래 빈칸에 알맞은 수를 적으세요.

01. 4 + 4 = 4 × ☐ = ☐
40 + 40 = 40 × ☐ = ☐☐

02. 3 + 3 + 3 = 3 × ☐ = ☐
30 + 30 + 30 = 30 × ☐ = ☐☐

03. 7 + 7 = 7 × ☐ = ☐
70 + 70 = 70 × ☐ = ☐☐

04. 9 + 9 + 9 = 9 × ☐ = ☐
90 + 90 + 90 = 90 × ☐ = ☐

05. 80 + 80 + 80 = 80 × ☐ = ☐

06. 20 × 4 = ☐

07. 30 × 2 = ☐

08. 50 × 6 = ☐

09. 40 × 7 = ☐

10. 60 × 3 = ☐

11.
$$\begin{array}{r} 2\ \ 0 \\ \times\ \ \ \ 2 \\ \hline \square\ \ 0 \end{array}$$

12.
$$\begin{array}{r} 6\ \ 0 \\ \times\ \ \ \ 4 \\ \hline \square\ \ 0 \end{array}$$

13.
$$\begin{array}{r} 8\ \ 0 \\ \times\ \ \ \ 7 \\ \hline \square\ \ \square \end{array}$$

14.
$$\begin{array}{r} 9\ \ 0 \\ \times\ \ \ \ 6 \\ \hline \square\ \square\ \square \end{array}$$

15.
$$\begin{array}{r} 7\ \ 0 \\ \times\ \ \ \ 5 \\ \hline \square\ \square\ \square \end{array}$$

※ 몇십과 몇의 계산은 몇 × 몇에 0 (영)을 한개 더 붙입니다. 십원짜리 동전 2개가 있으면 20인 것을 생각해 보세요^^

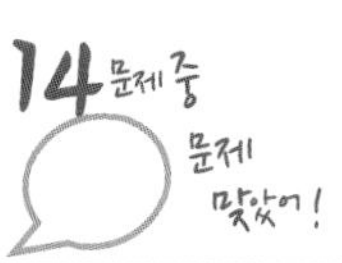

12×3의 계산

12개묶음 3묶음은 12+12+12=36입니다.

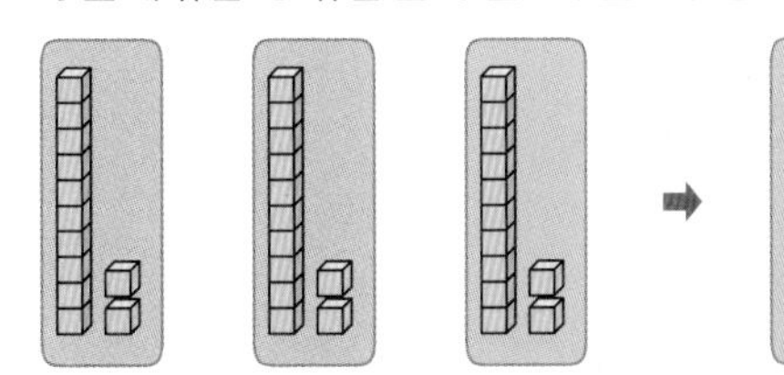

10개씩 3묶음 : 10+10+10 = 10 × 3 = 30
2개씩 3묶음 : 2+ 2+ 2 = 2 × 3 = 6
12개씩 3묶음 : 12+12+12 = 12 × 3 = 36

12×3의 계산방법

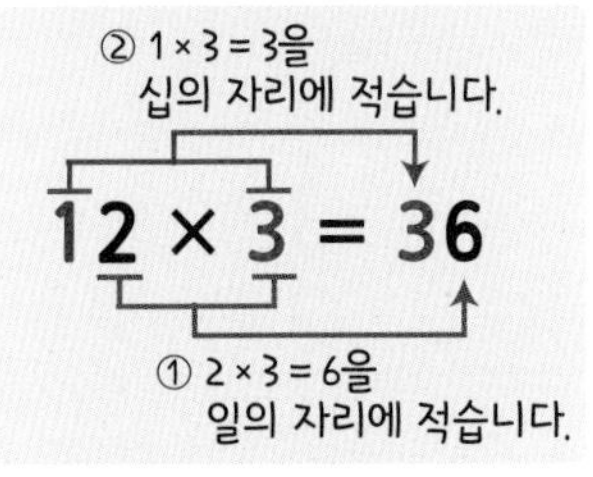

① 일의 자리와 곱한 값을 일의 자리에 적고,

② 십의 자리와 곱한 값을 십의 자리에 적습니다.

① 일의 자리 2×3의 값을 일의 자리에 적습니다.

② 십의 자리 1×3의 값을 십의 자리에 적습니다.

빈칸에 알맞은 수를 적으세요.

01. 4 + 4 = 4 × ☐ = ☐
20 + 20 = 20 × ☐ = ☐0
24 + 24 = 24 × ☐ = ☐☐

02. 3 + 3 = 3 × ☐ = ☐
70 + 70 = 70 × ☐ = ☐0
73 + 73 = 73 × ☐ = ☐☐

03. 1 + 1 + 1 = 1 × ☐ = ☐
30 + 30 + 30 = 30 × ☐ = ☐0
31 + 31 + 31 = 31 × ☐ = ☐☐

04. 83 + 83 + 83
= 83 × ☐ = 9 + ☐0 = ☐
(3×3) (80×3)

05. 13 × 3 = ☐☐

06. 32 × 4 = ☐☐

07. 54 × 2 = ☐☐

08. 41 × 5 = ☐☐☐

09. 62 × 4 = ☐☐☐

10. 21 × 4 = ☐

11. 42 × 2 = ☐

12. 63 × 3 = ☐

13. 72 × 4 = ☐

14. 51 × 3 = ☐

※ 일반적으로 덧셈, 뺄셈, 곱셈은 일의 자리부터 계산하고, 나눗셈만 높은 자리부터 계산합니다.

68 받아 올림 없는 몇십몇×몇 (연습)

빈칸에 알맞은 수를 적으세요.

01. $\begin{array}{r} 14 \\ \times \ \ 2 \\ \hline \end{array}$ □□

02. $\begin{array}{r} 11 \\ \times \ \ 5 \\ \hline \end{array}$ □□

03. $\begin{array}{r} 23 \\ \times \ \ 3 \\ \hline \end{array}$ □□

04. $\begin{array}{r} 54 \\ \times \ \ 2 \\ \hline \end{array}$ □□

05. $\begin{array}{r} 71 \\ \times \ \ 7 \\ \hline \end{array}$ □□

06. $\begin{array}{r} 63 \\ \times \ \ 2 \\ \hline \end{array}$ □□□

07. $\begin{array}{r} 42 \\ \times \ \ 4 \\ \hline \end{array}$ □□□

08. $\begin{array}{r} 74 \\ \times \ \ 2 \\ \hline \end{array}$ □□□

09. $\begin{array}{r} 61 \\ \times \ \ 6 \\ \hline \end{array}$ □□□

10. $\begin{array}{r} 84 \\ \times \ \ 2 \\ \hline \end{array}$ □□□

11. $23 \times 2 =$ □□

12. $32 \times 4 =$ □□

13. $64 \times 2 =$ □□

14. $91 \times 5 =$ □□

15. $52 \times 3 =$ □□

16. $12 \times 4 =$ □

17. $21 \times 6 =$ □

18. $42 \times 4 =$ □

19. $83 \times 3 =$ □

20. $74 \times 2 =$ □

69 받아 올림 있는 몇십몇×몇 (1)

17×3의 계산 ①

17개묶음 3묶음은 17+17+17=51입니다.

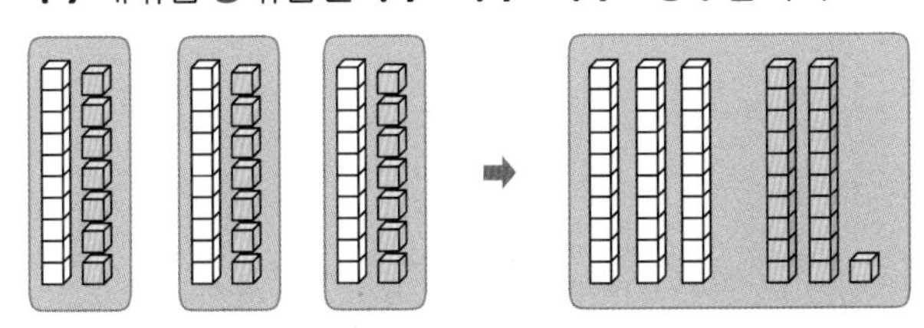

10개씩 3묶음 : 10+10+10 = 10 × 3 = 30
7개씩 3묶음 : 7+ 7+ 7 = 7 × 3 = 21
17개씩 3묶음 : 17+17+17 = 17 × 3 = 51

17×3의 계산방법

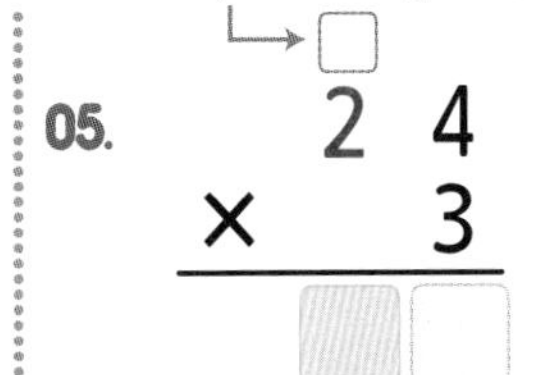

① 일의 자리와 곱한 값의 일의 자리 수만 적습니다.

② 십의 자리와 곱한 값과 일의 자리에서 올라온 값을 더해서 적습니다.

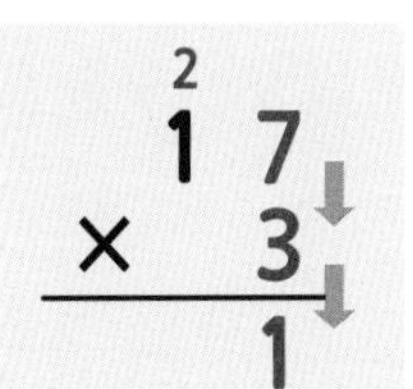

① 일의 자리 7×3의 값을 일의 자리만 일의 자리에 적습니다.

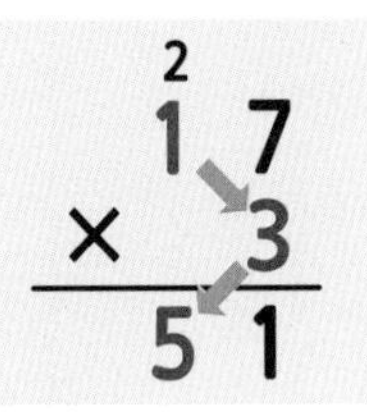

② 십의 자리 1×3의 값과 일의 자리에서 올라온 값을 더해 십의 자리에 적습니다.

빈칸에 알맞은 수를 적으세요.

※ 일의 자리와 곱한 값이 10이 넘어 십의 자리로 올려줄 때는 십의 자리 위에 작게 표시해 줍니다.

01. 5 + 5 = 5 × ☐ = ☐
30 + 30 = 30 × ☐ = ☐ (+)
35 + 35 = 35 × ☐ = ☐

02. 8 + 8 = 8 × ☐ = ☐
60 + 60 = 60 × ☐ = ☐ (+)
68 + 68 = 68 × ☐ = ☐

03. 4 + 4 + 4 = 4 × ☐ = ☐
20 + 20 + 20 = 20 × ☐ = ☐
24 + 24 + 24 = 24 × ☐ = ☐

04. 56 + 56 + 56 + 56
= 56 × ☐ = 24 + ☐ = ☐
(6×4) (50×4)

05. 2 4 × 3 = ☐☐

06. 5 6 × 4 = ☐☐

07. 8 3 × 7 = ☐☐

08. 9 2 × 6 = ☐☐☐

09. 7 4 × 5 = ☐☐☐

10. 23 × 4 = ☐

11. 38 × 2 = ☐

12. 56 × 6 = ☐

13. 42 × 7 = ☐

14. 65 × 3 = ☐

70 받아 올림 있는 몇십몇×몇 (연습1)

월 일
분 초

빈칸에 알맞은 수를 적으세요.

01. $14 \times 7 =$ □□

02. $17 \times 5 =$ □□

03. $25 \times 3 =$ □□

04. $56 \times 2 =$ □□

05. $78 \times 7 =$ □□

06. $63 \times 6 =$ □□□

07. $42 \times 5 =$ □□□

08. $74 \times 4 =$ □□□

09. $65 \times 6 =$ □□□

10. $84 \times 9 =$ □□□

11. $23 \times 5 =$ □□

12. $33 \times 4 =$ □□

13. $64 \times 7 =$ □□

14. $95 \times 5 =$ □□

15. $56 \times 3 =$ □□

16. $66 \times 4 =$ □

17. $25 \times 6 =$ □

18. $43 \times 4 =$ □

19. $84 \times 3 =$ □

20. $74 \times 5 =$ □

확인 (틀린 문제의 수를 적고, 약한 부분을 보충하세요.)

회차	틀린문제수
66 회	문제
67 회	문제
68 회	문제
69 회	문제
70 회	문제

생각해보기 (배운 내용이 모두 이해되었나요?)

■ 모두 이해하고 자신있다. → 다음 회로 넘어 갑니다.

■ 1~2문제 틀릴 수는 있겠지만 거의 이해한다.
→ 개념부분을 한번 더 읽고 다음 회로 넘어 갑니다.

■ 잘 모르는 것 같다.
→ 개념부분과 틀린문제를 한번 더 보고 다음 회로 넘어 갑니다.

오답노트 (앞에서 틀린 문제나 기억하고 싶은 문제를 적습니다.)

회	번
문제	풀이

회	번
문제	풀이

회	번
문제	풀이

회	번
문제	풀이

회	번
문제	풀이

17×3의 계산 ②

② 10 × 3 = 30

$17 \times 3 = 21 + 30 = 51$

① 7 × 3 = 21　　③ 21 + 30 = 51

① 일의 자리 7 × 3의 값 21을 구하고,

② 십의 자리 1은 10이므로 10 × 3의 값 30을 구한 다음,

③ 일의 자리 곱의 값 21 과 십의 자리 곱의 값 30을 더해주면 17 × 3의 값 51을 구할 수 있습니다.

17×3의 계산방법

```
   1 7
 ×   3
 -----
   2 1 ← 7×3
```

① 일의 자리 7 × 3의 값 21을 적습니다.

```
   1 7
 ×   3
 -----
   2 1 ← 7×3
   3 0 ← 10×3
```

① 십의 자리 10 × 3의 값 30을 적습니다.

```
   1 7
 ×   3
 -----
   2 1 ← 7×3
   3 0 ← 10×3
 -----
   5 1 ← 21+30
```

③ 21 + 30의 값 51을 적으면 값을 구한것입니다.

일의 자리부터 곱셈하여 아래 문제를 풀어보세요.

01. $29 \times 2 =$ ☐ + ☐ = ☐

02. $15 \times 3 =$ ☐ + ☐ = ☐

03. $12 \times 5 =$ ☐ + ☐ = ☐

04. $27 \times 3 =$ ☐ + ☐ = ☐

05. $38 \times 2 =$ ☐ + ☐ = ☐

06.
```
   2 6
 ×   3
 -----
```

07.
```
   1 7
 ×   5
 -----
```

08.
```
   3 8
 ×   2
 -----
```

09.
```
   4 5
 ×   2
 -----
```

10.
```
   2 9
 ×   2
 -----
```

11.
```
   1 7
 ×   4
 -----
```

※ 덧셈, 뺄셈, 곱셈은 일의 자리부터 계산합니다. 나중에 배울 나눗셈의 계산만 높은 자리부터 계산합니다.

72 받아 올림 있는 몇십몇×몇 (연습2)

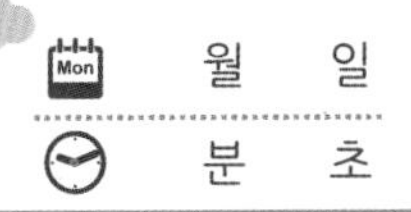

월 일
분 초

일의 자리부터 곱하는 방법으로 아래 문제를 풀어 보세요.

01. $15 \times 2 = \square + \square = \square$

02. $24 \times 3 = \square + \square = \square$

03. $16 \times 4 = \square + \square = \square$

04. $48 \times 2 = \square + \square = \square$

05. $27 \times 3 = \square + \square = \square$

06. $23 \times 4 = \square + \square = \square$

07. $14 \times 3 = \square + \square = \square$

08. $\begin{array}{r} 18 \\ \times \quad 4 \\ \hline \square \\ \square \\ \hline \square \end{array}$

09. $\begin{array}{r} 27 \\ \times \quad 3 \\ \hline \square \\ \square \\ \hline \square \end{array}$

10. $\begin{array}{r} 18 \\ \times \quad 5 \\ \hline \square \\ \square \\ \hline \square \end{array}$

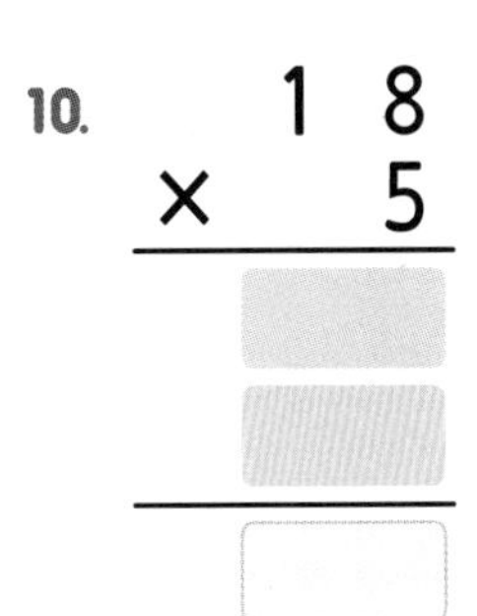

11. $\begin{array}{r} 36 \\ \times \quad 2 \\ \hline \square \\ \square \\ \hline \square \end{array}$

12. $\begin{array}{r} 26 \\ \times \quad 2 \\ \hline \square \\ \square \\ \hline \square \end{array}$

13. $\begin{array}{r} 15 \\ \times \quad 6 \\ \hline \square \\ \square \\ \hline \square \end{array}$

14. $\begin{array}{r} 39 \\ \times \quad 2 \\ \hline \square \\ \square \\ \hline \square \end{array}$

15. $\begin{array}{r} 25 \\ \times \quad 3 \\ \hline \square \\ \square \\ \hline \square \end{array}$

※ 일의 자리와 곱한 값이 10이 넘어 십의 자리로 올려줄 때는 십의 자리 위에 작게 표시해 줍니다.

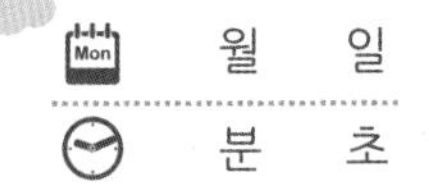

월 일
분 초

47×3의 계산 ②

② 40 × 3 = 120

47 × 3 = 21 + 120 = 141

① 7 × 3 = 21

③ 21 + 120 = 141

① 일의 자리 7 × 3의 값 21을 구하고,

② 십의 자리 4는 40이므로 40 × 3의 값 120을 구한 다음,

③ 일의 자리 곱의 값 21 과 십의 자리 곱의 값 120을 더해주면 47 × 3의 값 141을 구할 수 있습니다.

47×3의 계산방법

$$\begin{array}{r} 47 \\ \times\ 3 \\ \hline 21 \end{array} \leftarrow 7\times3$$

① 일의 자리 7 × 3의 값 21을 적습니다.

$$\begin{array}{r} 47 \\ \times\ 3 \\ \hline 21 \\ 120 \end{array} \begin{array}{l} \\ \\ \leftarrow 7\times3 \\ \leftarrow 40\times3 \end{array}$$

① 십의 자리 40 × 3의 값 120을 적습니다.

$$\begin{array}{r} 47 \\ \times\ 3 \\ \hline 21 \\ 120 \\ \hline 141 \end{array} \begin{array}{l} \\ \\ \leftarrow 7\times3 \\ \leftarrow 40\times3 \\ \leftarrow 21+120 \end{array}$$

③ 21 + 120의 값 141을 적으면 값을 구한것입니다.

십의 자리로 올려주는 값에 주의하여 아래 곱셈을 풀어보세요.

01. 35 × 4 = ☐ + ☐ = ☐

02. 46 × 3 = ☐ + ☐ = ☐

03. 62 × 5 = ☐ + ☐ = ☐

04. 27 × 6 = ☐ + ☐ = ☐

05. 53 × 4 = ☐ + ☐ = ☐

06. $\begin{array}{r} 62 \\ \times\ 7 \\ \hline \end{array}$

07. $\begin{array}{r} 56 \\ \times\ 2 \\ \hline \end{array}$

08. $\begin{array}{r} 83 \\ \times\ 5 \\ \hline \end{array}$

09. $\begin{array}{r} 74 \\ \times\ 7 \\ \hline \end{array}$

10. $\begin{array}{r} 96 \\ \times\ 4 \\ \hline \end{array}$

11. $\begin{array}{r} 29 \\ \times\ 8 \\ \hline \end{array}$

※ 일의 자리와 곱한 값이 10이 넘어 십의 자리로 올려줄 때는 십의 자리 위에 작게 표시해 줍니다.

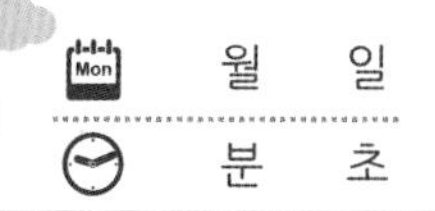

아래 곱셈을 값을 구하세요.

01. $38 \times 4 = \square + \square = \square$

02. $49 \times 3 = \square + \square = \square$

03. $56 \times 5 = \square + \square = \square$

04. $83 \times 6 = \square + \square = \square$

05. $27 \times 7 = \square + \square = \square$

06. $69 \times 9 = \square + \square = \square$

07. $34 \times 4 = \square + \square = \square$

08. 56×4

09. 47×3

10. 38×8

11. 66×6

12. 54×3

13. 45×8

14. 26×5

15. 79×3

※ 일의 자리와 곱한 값이 10이 넘어 십의 자리로 올려줄 때는 십의 자리 위에 작게 표시해 줍니다.

이어서 나는 ☐ 을(를) 공부/연습할거야!!

75 두 자릿수와 한 자릿수의 곱셈 (연습)

소리내 풀기 아래 식을 계산하여 값을 적으세요.

01. $76 \times 7 =$ ☐

02. $52 \times 6 =$ ☐

03. $84 \times 3 =$ ☐

04. $49 \times 8 =$ ☐

05. $57 \times 4 =$ ☐

06. $45 \times 2 =$ ☐

07. $19 \times 9 =$ ☐

08. $51 \times 5 =$ ☐

09. $49 \times 3 =$ ☐

10. $30 \times 9 =$ ☐

11. $81 \times 8 =$ ☐

12. $68 \times 5 =$ ☐

13. $84 \times 6 =$ ☐

14. $39 \times 4 =$ ☐

15. $53 \times 5 =$ ☐

16. $79 \times 8 =$ ☐

17. $26 \times 3 =$ ☐

18. $72 \times 7 =$ ☐

 이어서 나는 ☐ 을(를) 공부/연습할거야!!

확인 (틀린 문제의 수를 적고, 약한 부분을 보충하세요.)

회차	틀린문제수
71 회	문제
72 회	문제
73 회	문제
74 회	문제
75 회	문제

생각해보기 (배운 내용이 모두 이해되었나요?)

■ 모두 이해하고 자신있다. → 다음 회로 넘어 갑니다.

■ 1~2문제 틀릴 수는 있겠지만 거의 이해한다.
→ 개념부분을 한번 더 읽고 다음 회로 넘어 갑니다.

■ 잘 모르는 것 같다.
→ 개념부분과 틀린문제를 한번 더 보고 다음 회로 넘어 갑니다.

오답노트 (앞에서 틀린 문제나 기억하고 싶은 문제를 적습니다.)

회	번
문제	풀이

회	번
문제	풀이

회	번
문제	풀이

회	번
문제	풀이

회	번
문제	풀이

76 곱셈 (연습1)

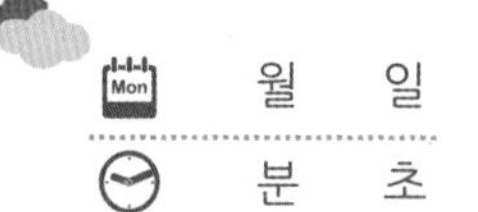

월 일
분 초

16 문제 중 문제 맞았

아래 곱셈을 계산하여 값을 구하세요.

01. 94×7

02. 47×8

03. 28×4

04. 74×7

05. 58×8

06. 46×3

07. 23×9

08. 36×8

09. 27×4

10. 38×6

11. 72×5

12. 18×7

13. 36×5

14. 97×8

15. 63×6

16. 55×4

77 곱셈 (연습2)

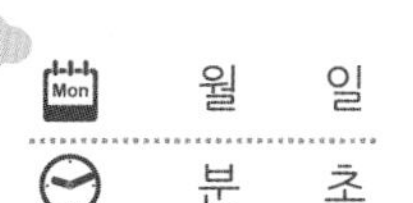

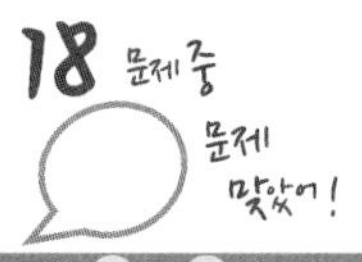

아래 식을 계산하여 값을 적으세요.

01. $88 \times 5 =$ ☐

02. $35 \times 3 =$ ☐

03. $33 \times 6 =$ ☐

04. $79 \times 2 =$ ☐

05. $23 \times 5 =$ ☐

06. $85 \times 3 =$ ☐

07. $13 \times 8 =$ ☐

08. $93 \times 6 =$ ☐

09. $16 \times 2 =$ ☐

10. $93 \times 4 =$ ☐

11. $26 \times 2 =$ ☐

12. $47 \times 4 =$ ☐

13. $53 \times 6 =$ ☐

14. $79 \times 5 =$ ☐

15. $10 \times 6 =$ ☐

16. $66 \times 8 =$ ☐

17. $12 \times 4 =$ ☐

18. $68 \times 5 =$ ☐

문제) 친구 **12**명에게 사탕을 **3**개씩 주려면, 사탕 몇 개가 필요할까요?

풀이) 친구 수 = 12　1명당 사탕 수 = 3

전체 사탕 수 = 친구 수 × 1명당 사탕 수 이므로

식은 12×3 이고 값은 36개 입니다.

따라서 필요한 사탕 수는 36개 입니다.

식) 12×3　답) 36개

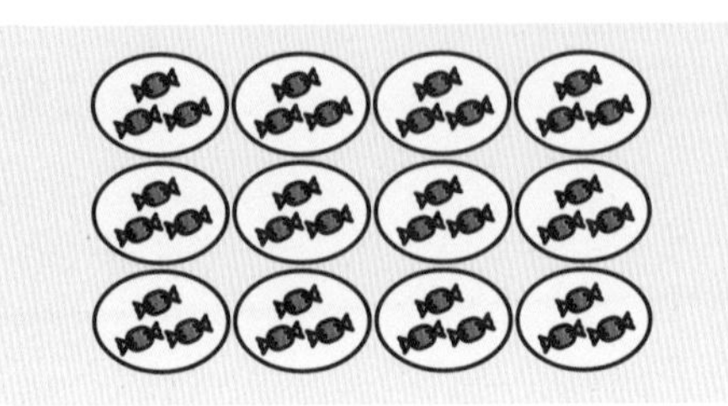

아래의 문제를 풀어보세요.

01. 체육대회 상품으로 우리반 학생 **32**명에게 연필 **4** 자루씩 준다고 합니다. 교무실에서 연필 몇 자루를 가져와야 할까요?

풀이) 우리반 학생 수 = ☐ 명

1명당 연필 수 = ☐ 자루

전체 연필 수 = 우리반 학생수 ☐ 1명당 연필 수

이므로 식은 ☐ 이고

답은 ☐ 자루 입니다.

식) ________　답) ☐ 자루

02. 우리 학년은 **27**모둠이 **6**명씩 이루워져 있습니다. 우리 학년은 모두 몇 명일까요?

풀이) 모둠 수 = ☐ 모둠

1모둠당 학생 수 = ☐ 명

우리학년 학생 수 = 모둠수 ☐ 1모둠당 학생 수

이므로 식은 ☐ 이고

답은 ☐ 명 입니다.

식) ________　답) ☐ 명

03. 영어단어 공부를 하기로 해서, 하루에 **15**개씩 배우기로 했습니다. **5**일간 배운다면 단어 몇개를 배웠을까요?

(식 2점 답 1점)

풀이)

식) ________　답) ☐ 개

04. 내가 문제를 만들어 풀어 봅니다. (곱하기)

(문제 2점 식 2점 답 1점)

풀이)

식) ________　답) ☐

79 나눗셈 (연습3)

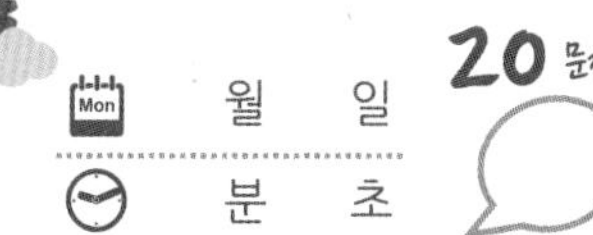

아래 식을 계산하여 값을 적으세요.

01. $6 \overline{) 18}$ = ☐

02. $2 \overline{) 10}$ = ☐

03. $9 \overline{) 63}$ = ☐

04. $8 \overline{) 72}$ = ☐

05. $8 \overline{) 64}$ = ☐

06. $5 \overline{) 40}$ = ☐

07. $9 \overline{) 18}$ = ☐

08. $6 \overline{) 42}$ = ☐

09. $2 \overline{) 16}$ = ☐

10. $4 \overline{) 20}$ = ☐

11. $3 \overline{) 27}$ = ☐

12. $8 \overline{) 48}$ = ☐

13. $7 \overline{) 35}$ = ☐

14. $4 \overline{) 24}$ = ☐

15. $7 \overline{) 21}$ = ☐

16. $5 \overline{) 15}$ = ☐

17. $4 \overline{) 28}$ = ☐

18. $8 \overline{) 40}$ = ☐

19. $2 \overline{) 14}$ = ☐

20. $7 \overline{) 56}$ = ☐

80 나눗셈 (연습4)

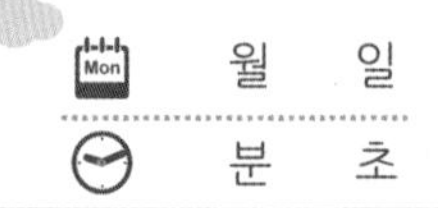

월 일
분 초

아래 식을 계산하여 값을 적으세요.

01. $12 \div 6 =$ □

02. $18 \div 3 =$ □

03. $14 \div 2 =$ □

04. $27 \div 9 =$ □

05. $25 \div 5 =$ □

06. $54 \div 6 =$ □

07. $64 \div 8 =$ □

08. $40 \div 5 =$ □

09. $49 \div 7 =$ □

10. $36 \div 9 =$ □

11. $28 \div 4 =$ □

12. $24 \div 3 =$ □

13. $48 \div 6 =$ □

14. $35 \div 5 =$ □

15. $16 \div 4 =$ □

16. $21 \div 7 =$ □

17. $32 \div 4 =$ □

18. $56 \div 7 =$ □

확인 (틀린 문제의 수를 적고, 약한 부분을 보충하세요.)

회차	틀린문제수
76 회	문제
77 회	문제
78 회	문제
79 회	문제
80 회	문제

생각해보기 (배운 내용이 모두 이해되었나요?)

■ 모두 이해하고 자신있다. → 다음 회로 넘어 갑니다.

■ 1~2문제 틀릴 수는 있겠지만 거의 이해한다.
→ 개념부분을 한번 더 읽고 다음 회로 넘어 갑니다.

■ 잘 모르는 것 같다.
→ 개념부분과 틀린문제를 한번 더 보고 다음 회로 넘어 갑니다.

오답노트 (앞에서 틀린 문제나 기억하고 싶은 문제를 적습니다.)

회	번
문제	풀이

회	번
문제	풀이

회	번
문제	풀이

회	번
문제	풀이

회	번
문제	풀이

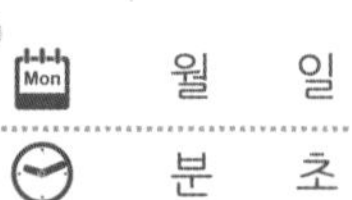

81 곱셈과 나눗셈의 계산 (연습1)

월 일
분 초
12 문제 중 문제 맞음

식을 계산하고, ▢ 와 ▢ 에 들어갈 알맞은 수를 적으세요.

01. 20 ÷ 5 = ▢ × 5 = ▢

20 ÷ 5 의 값을 적으세요.

▢ × 5 의 값을 적으세요.

02. 45 ÷ 9 = ▢ × 9 = ▢

03. 21 ÷ 3 = ▢ × 3 = ▢

04. 16 ÷ 8 = ▢ × 8 = ▢

05. 48 ÷ 6 = ▢ × 4 = ▢

06. 16 ÷ 4 = ▢ × 6 = ▢

07. 28 ÷ 7 = ▢ × 5 = ▢

08. 12 ÷ 3 = ▢ × 7 = ▢

09. 35 ÷ 5 = ▢ × 5 = ▢

10. 36 ÷ 6 = ▢ × 9 = ▢

11. 24 ÷ 8 = ▢ × 3 = ▢

12. 16 ÷ 2 = ▢ × 8 = ▢

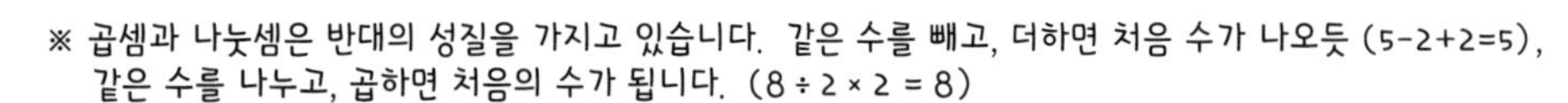
※ 곱셈과 나눗셈은 반대의 성질을 가지고 있습니다. 같은 수를 빼고, 더하면 처음 수가 나오듯 (5-2+2=5), 같은 수를 나누고, 곱하면 처음의 수가 됩니다. (8 ÷ 2 × 2 = 8)

82 곱셈과 나눗셈의 계산 (연습2)

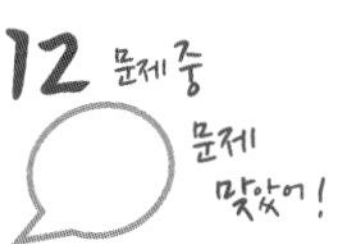

수 3개의 식을 계산하여 □에 값을 적으세요.

01. $12 \div 6 \times 6 =$ □

12 ÷ 6 의 값을 적으세요.

□ × 6 의 값을 적으세요.

02. $18 \div 2 \times 2 =$ □

03. $14 \div 7 \times 7 =$ □

04. $10 \div 5 \times 5 =$ □

05. $16 \div 2 \times 7 =$ □

06. $25 \div 5 \times 2 =$ □

07. $54 \div 9 \times 6 =$ □

08. $64 \div 8 \times 4 =$ □

09. $48 \div 8 \times 2 =$ □

10. $27 \div 3 \times 5 =$ □

11. $28 \div 4 \times 6 =$ □

12. $42 \div 7 \times 3 =$ □

※ 수3개의 식을 계산하는 방법은 앞에서 부터 차근차근 계산합니다.
곱셈과 나눗셈도 덧셈과 뺄셈같이 같은 수를 나누고, 곱하면 처음의 수가 됩니다. (5-2+2=5, 8 ÷ 2 × 2 = 8)

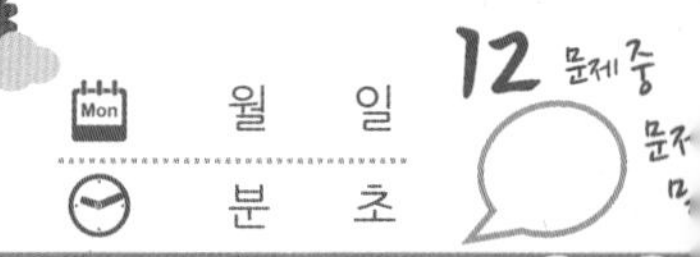

아래 문제를 풀어서 값을 빈칸에 적으세요.

01. 7 → (× 9) → 63 → (÷ 9) → ☐

7 × 9 의 값을 적으세요.

☐ ÷ 9 의 값을 적으세요.

02. 4 → (× 6) → ☐ → (÷ 6) → ☐

03. 5 → (× 7) → ☐ → (÷ 7) → ☐

04. 8 → (× 3) → ☐ → (÷ 3) → ☐

05. 20 → (÷ 4) → ☐ → (× 4) → ☐

06. 18 → (÷ 2) → ☐ → (× 2) → ☐

07. 54 → (÷ 9) → ☐ → (× 9) → ☐

08. 15 → (÷ 5) → ☐ → (× 5) → ☐

09. 4 → (× 2) → ☐ → (÷ 4) → ☐

10. 8 → (× 6) → ☐ → (÷ 8) → ☐

11. 7 → (× 3) → ☐ → (÷ 7) → ☐

12. 9 → (× 4) → ☐ → (÷ 9) → ☐

84 곱셈과 나눗셈의 계산 (연습4)

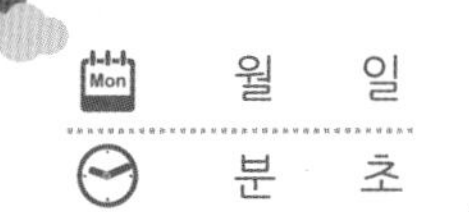

월 일
분 초

위의 숫자가 통에 들어가면 나오는 수를 계산해서 ▢에 적으세요.

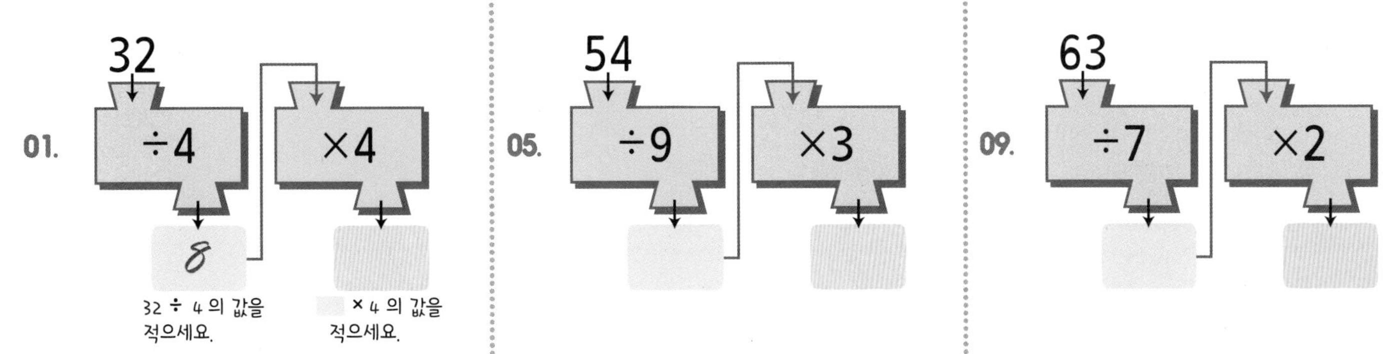

01. 32 → ÷4 → 8 → ×4 → ▢

32 ÷ 4 의 값을 적으세요.

▢ × 4 의 값을 적으세요.

05. 54 → ÷9 → ▢ → ×3 → ▢

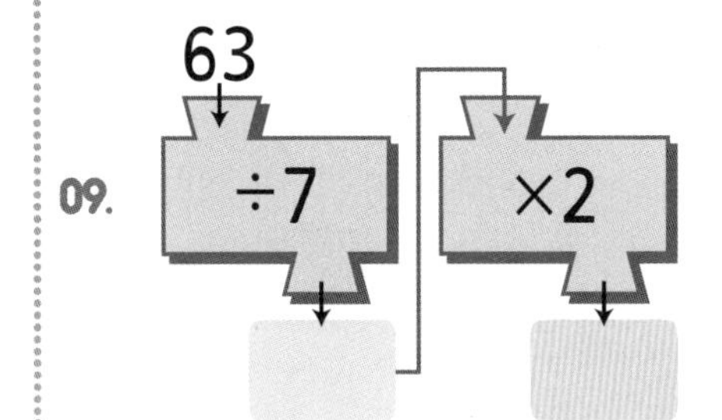

09. 63 → ÷7 → ▢ → ×2 → ▢

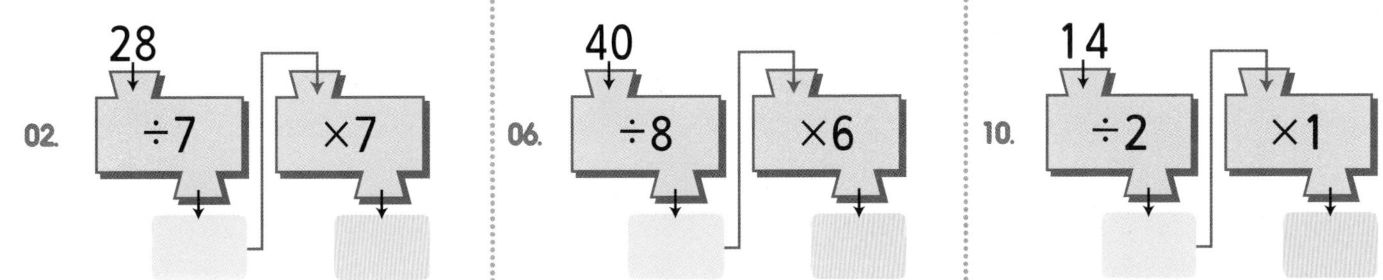

02. 28 → ÷7 → ▢ → ×7 → ▢

06. 40 → ÷8 → ▢ → ×6 → ▢

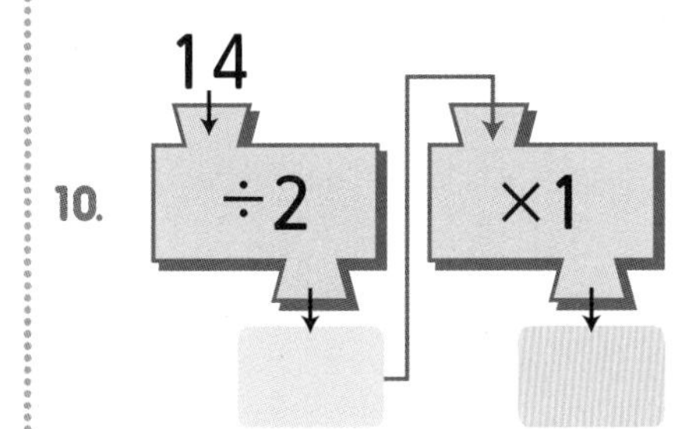

10. 14 → ÷2 → ▢ → ×1 → ▢

03. 35 → ÷5 → ▢ → ×5 → ▢

07. 28 → ÷7 → ▢ → ×0 → ▢

11. 21 → ÷3 → ▢ → ×5 → ▢

04. 48 → ÷6 → ▢ → ×6 → ▢

08. 15 → ÷3 → ▢ → ×7 → ▢

12. 54 → ÷6 → ▢ → ×4 → ▢

85 곱셈과 나눗셈의 계산 (연습5)

보기와 같이 옆의 두 수를 계산해서 옆에 적고, 밑의 두 수를 계산해서 밑에 적으세요.

01.

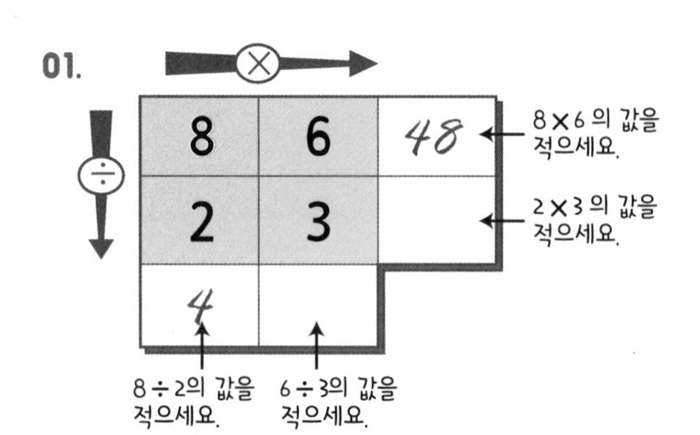

02.

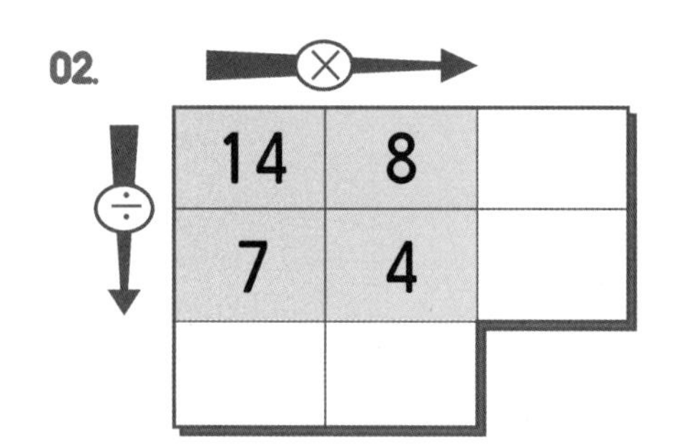

03.

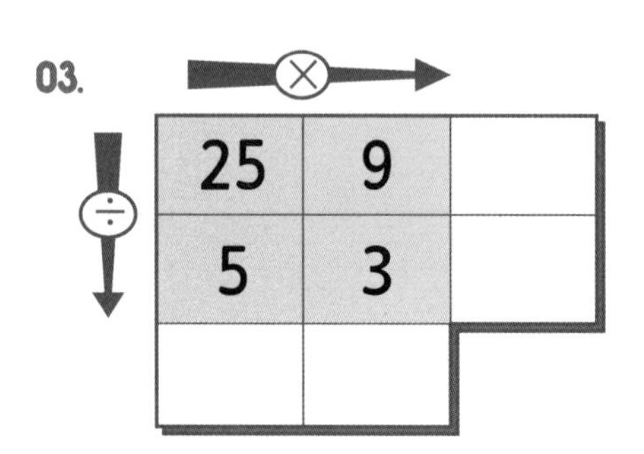

04.

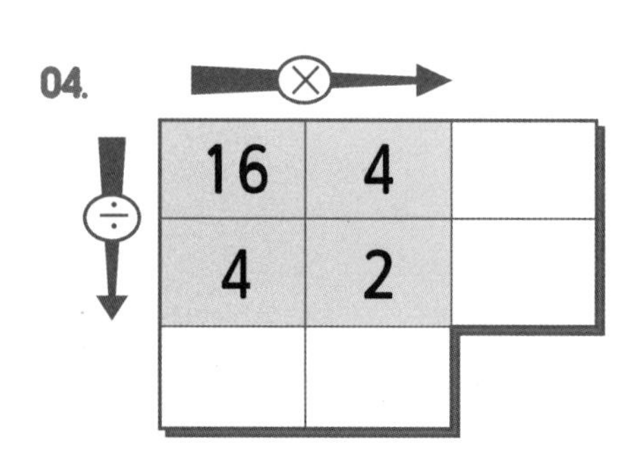

05. (× →, ÷ ↓)

10	9	
2	3	

06. (× →, ÷ ↓)

12	6	
3	6	

07. (× →, ÷ ↓)

24	8	
8	2	

08. (× →, ÷ ↓)

36	7	
9	7	

확인 (틀린 문제의 수를 적고, 약한 부분을 보충하세요.)

회차	틀린문제수
81 회	문제
82 회	문제
83 회	문제
84 회	문제
85 회	문제

생각해보기 (배운 내용이 모두 이해되었나요?)

■ 모두 이해하고 자신있다. → 다음 회로 넘어 갑니다.

■ 1~2문제 틀릴 수는 있겠지만 거의 이해한다.
→ 개념부분을 한번 더 읽고 다음 회로 넘어 갑니다.

■ 잘 모르는 것 같다.
→ 개념부분과 틀린문제를 한번 더 보고 다음 회로 넘어 갑니다.

오답노트 (앞에서 틀린 문제나 기억하고 싶은 문제를 적습니다.)

회	번
문제	풀이

회	번
문제	풀이

회	번
문제	풀이

회	번
문제	풀이

회	번
문제	풀이

86 몇초일까요? (1)

월 일
분 초

10 문제 중 문제 맞음

1초 : 초바늘이 작은 눈금 한칸을 가는 시간

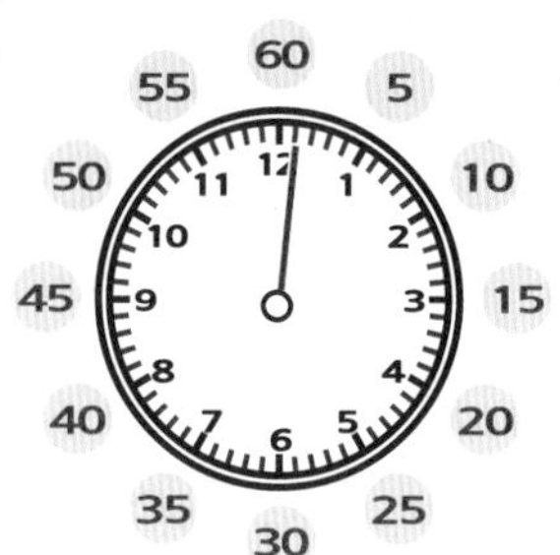

초바늘이 1초씩 5번을 가서
숫자 1을 가리키면 5초입니다.
숫자 2는 10초,....
한바퀴는 60초 = 1분 입니다.

1분은 60초이고, 80초는 1분 20초입니다.

1분 20초 = 1분 + 20초
= 60초 + 20초
= 80초

※ 1분 = 60초
2분 = 120초
3분 = 180초

105초 = 60초 + 45초
= 1분 + 45초
= 1분 45초

※ 60초 = 1분
120초 = 2분
180초 = 3분

시계를 보고 몇시 몇분 몇초인지 ☐ 에 적으세요.

01.

짧은바늘 : 4를 조금 지남
긴바늘 : 1 초바늘 : 12에서 1칸

☐ 시 ☐ 분 ☐ 초

02.

짧은바늘 : 6을 조금 지남
긴바늘 : 3 초바늘 : 2

☐ 시 ☐ 분 ☐ 초

03.

짧은바늘 : 8을 많이 지남
긴바늘 : 6 초바늘 : 4

☐ 시 ☐ 분 ☐ 초

04.

짧은바늘 : 12와 1사이
긴바늘 : 9 초바늘 : 6에서 1칸

☐ 시 ☐ 분 ☐ 초

05.

짧은바늘 : 11과 12사이
긴바늘 : 2 초바늘 : 7에서 3칸

☐ 시 ☐ 분 ☐ 초

06.

짧은바늘 : 2와 3사이
긴바늘 : 5 초바늘 : 8에서 4칸

☐ 시 ☐ 분 ☐ 초

분은 초로, 초는 분으로 바꾸세요.

07. 1분 30초
= ☐ 분 + ☐ 초
= ☐ 초 + ☐ 초
= ☐ 초

08. 2분 10초
= ☐ 분 + ☐ 초
= ☐ 초 + ☐ 초
= ☐ 초

09. 80초 = ☐ 초 + ☐ 초
= ☐ 분 + ☐ 초
= ☐ 분 ☐ 초

10. 120초 = ☐ 초 + ☐ 초
= ☐ 분 + ☐ 분
= ☐ 분

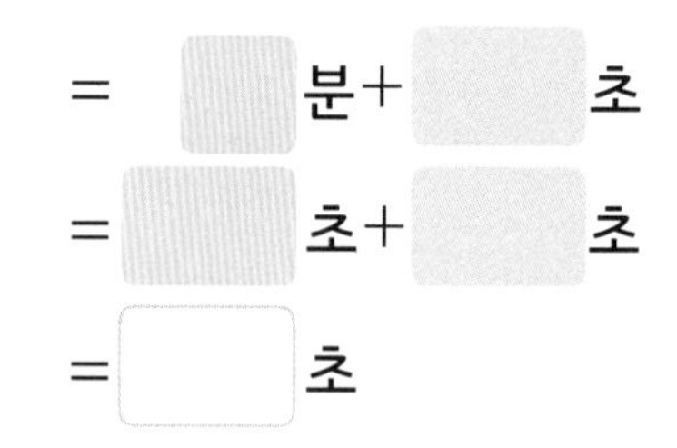

87 시간의 계산 (덧셈1)

월 일
분 초

1분 30초 + 2분 10초의 계산

① 그림을 그려 구하기

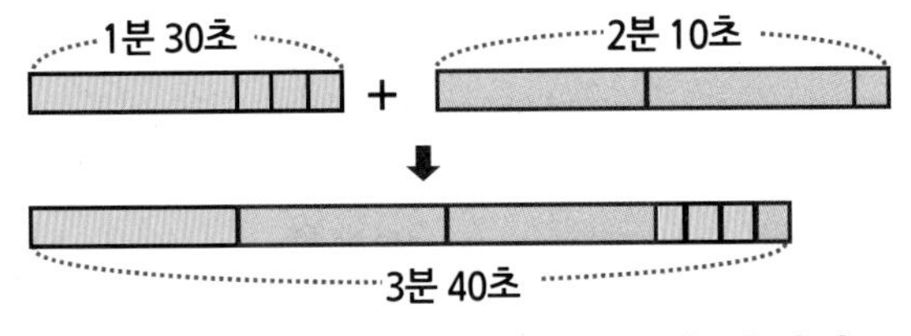

1분 30초 + 2분 10초 = 3분 40초입니다.

② 가로(옆)으로 써서 계산하기 (끼리끼리 더하기)

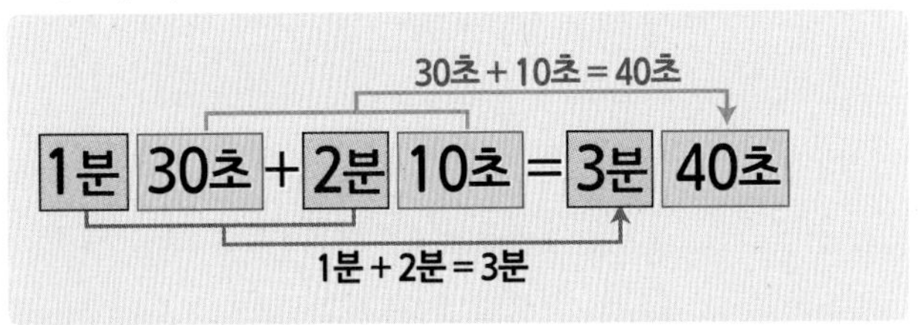

분은 분끼리, 초는 초끼리 더합니다. (초를 먼저 더해줍니다.)

그림을 보고 두 시간의 합을 구하세요.

01.

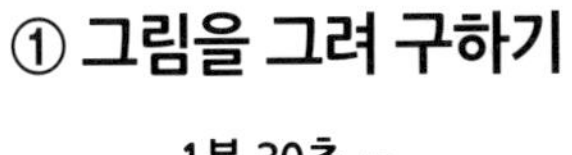
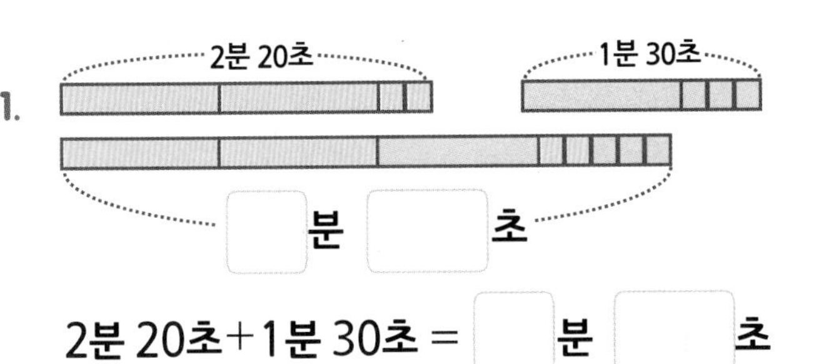

2분 20초+1분 30초 = ☐ 분 ☐ 초

02.

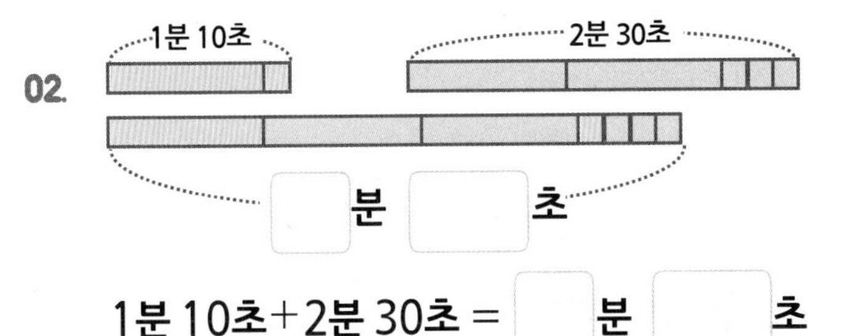

1분 10초+2분 30초 = ☐ 분 ☐ 초

03.

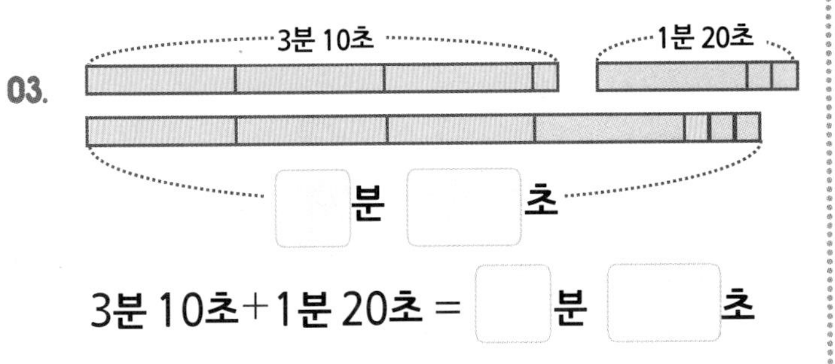

3분 10초+1분 20초 = ☐ 분 ☐ 초

두 시간의 합을 구하세요.

04. 1분 40초 + 3분 10초 = ☐ 분 ☐ 초

05. 2분 10초 + 4분 10초 = ☐ 분 ☐ 초

06. 5분 15초 + 1분 25초 = ☐ 분 ☐ 초

07. 3분 27초 + 2분 25초 = ☐ 분 ☐ 초

08. 4분 16초 + 5분 09초 = ☐ 분 ☐ 초

88 시간의 계산 (덧셈2)

월 일
분 초

5 문제 중 문제 맞

1분 30초 + 1분 40초의 계산

① 그림을 그려 구하기

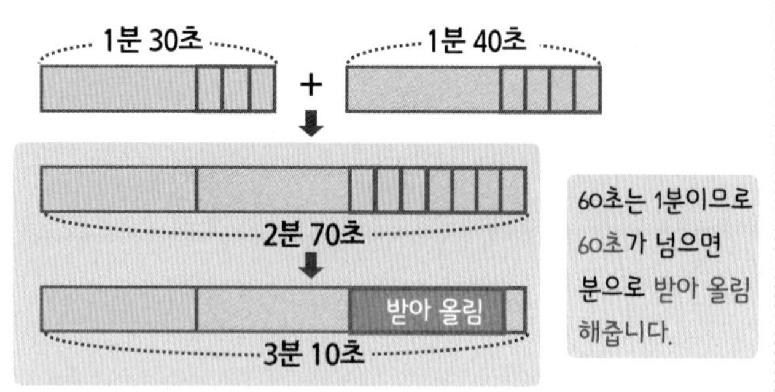

60초는 1분이므로 60초가 넘으면 분으로 받아 올림 해줍니다.

1분 30초 + 1분 40초 = 3분 10초입니다.

② 세로(밑)으로 써서 계산하기 (끼리끼리 더하기)

ㄱ. 아래와 같이 적고, 초끼리 더합니다.

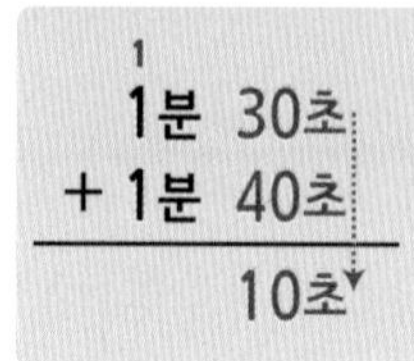

60초가 넘으면 분으로 받아 올림 합니다.

ㄴ. 분끼리 더하고, 받아 올림 한 분이 있으면 같이 더합니다.

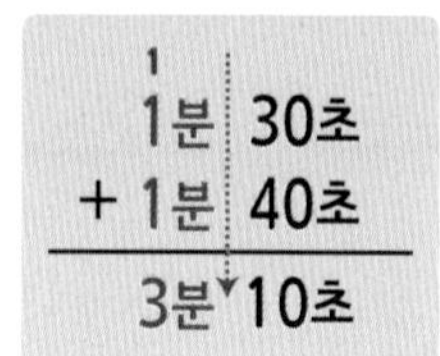

1분 + 1분 + 받아 올림 한 1분 = 3

그림을 보고 두 시간의 합을 구하세요.

01.

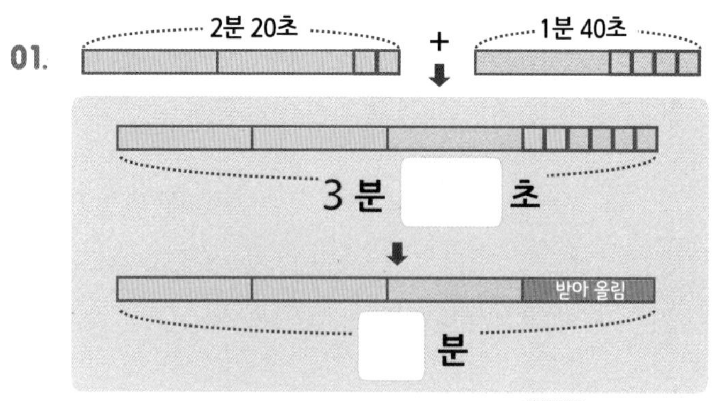

2분 20초 + 1분 40초 = ☐ 분

02.

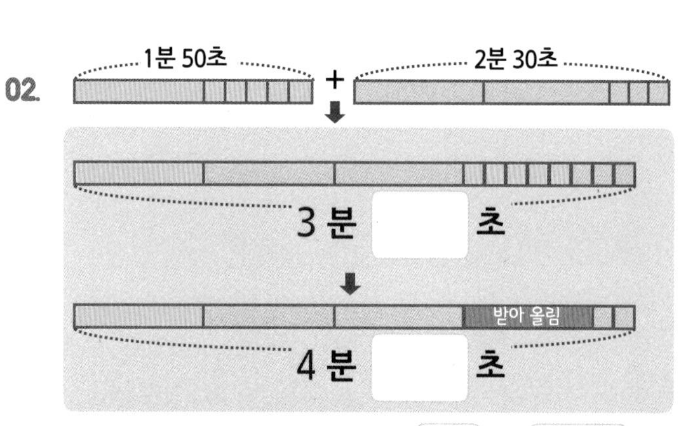

1분 50초 + 2분 30초 = ☐ 분 ☐ 초

두 시간의 합을 구하세요.

03. 2분 10초 + 2분 55초

= 4 분 65 초

= 5 분 ☐ 초

	2 분	10 초
+	2 분	55 초
	☐ 분	초

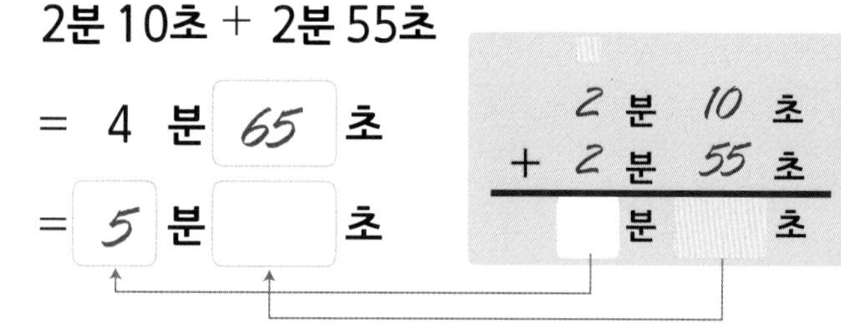

04. 1분 45초 + 3분 50초

= 4 분 ☐ 초

= ☐ 분 ☐ 초

	1 분	45 초
+	3 분	50 초
	☐ 분	초

05. 3분 31초 + 5분 45초

= 8 분 ☐ 초

= ☐ 분 ☐ 초

	3 분	31 초
+	5 분	45 초
	☐ 분	초

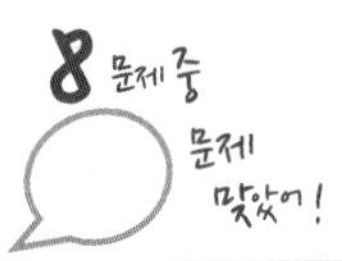

2분 30초 – 1분 10초의 계산

① 그림을 그려 구하기

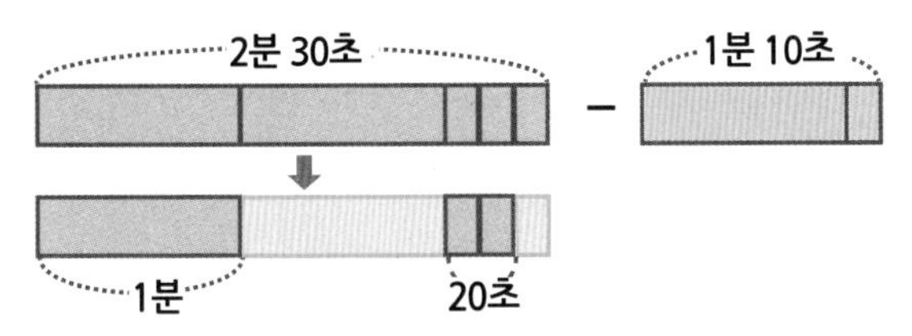

2분 30초 – 1분 10초 = 1분 20초입니다.

② 가로(옆)으로 써서 계산하기 (끼리끼리 빼기)

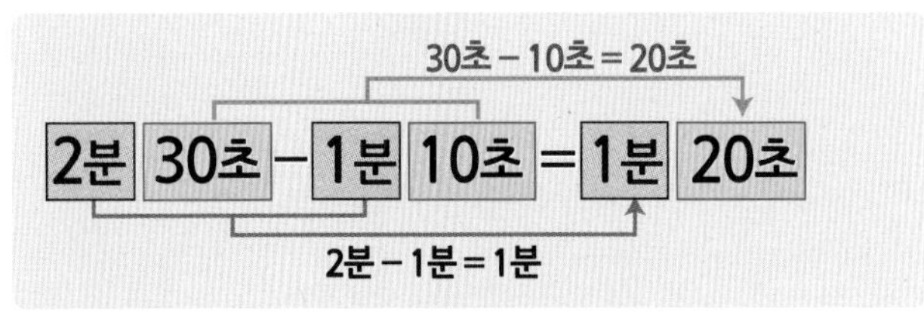

분은 분끼리, 초는 초끼리 뺍니다. (초를 먼저 빼줍니다.)

그림을 보고 두 길이의 차를 구하세요.

01.

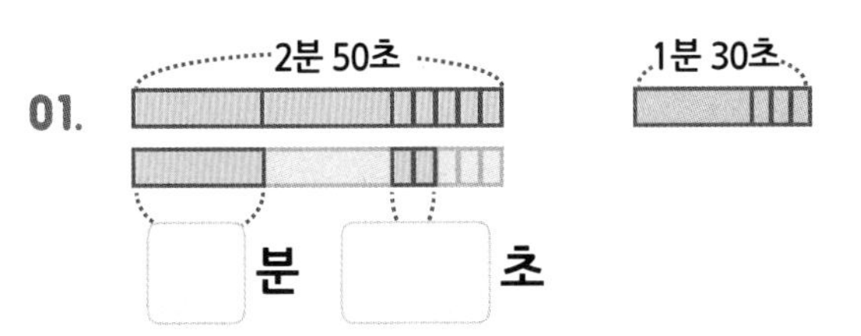

☐ 분 ☐ 초

2분 50초 – 1분 30초 = ☐ 분 ☐ 초

02.

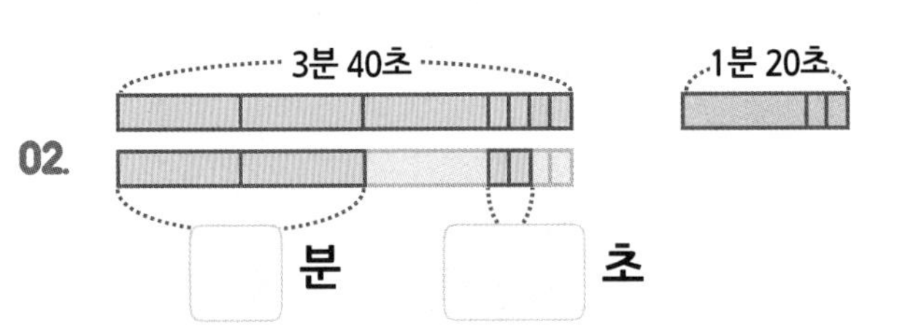

☐ 분 ☐ 초

3분 40초 – 1분 20초 = ☐ 분 ☐ 초

03.

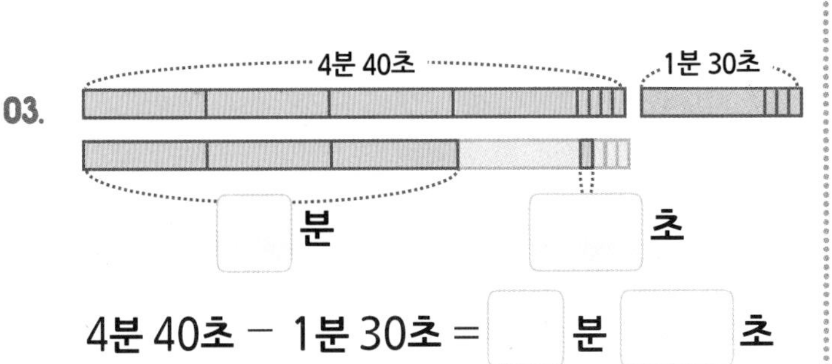

☐ 분 ☐ 초

4분 40초 – 1분 30초 = ☐ 분 ☐ 초

두 길이의 차를 구하세요.

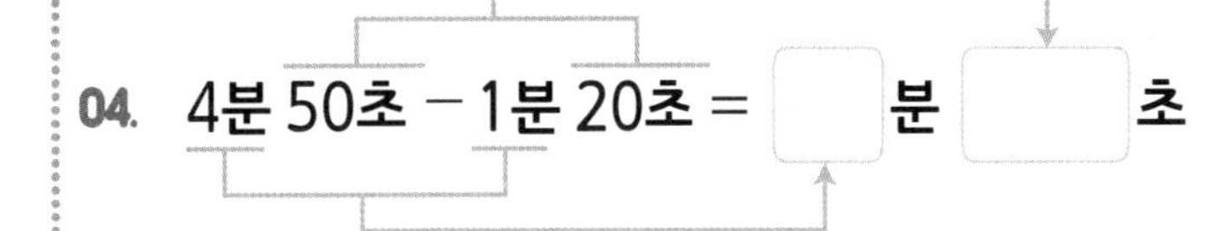

04. 4분 50초 – 1분 20초 = ☐ 분 ☐ 초

05. 7분 40초 – 3분 30초 = ☐ 분 ☐ 초

06. 8분 50초 – 2분 15초 = ☐ 분 ☐ 초

07. 5분 26초 – 4분 10초 = ☐ 분 ☐ 초

08. 8분 53초 – 3분 30초 = ☐ 분 ☐ 초

3분 10초 − 1분 40초의 계산

① 그림을 그려 구하기

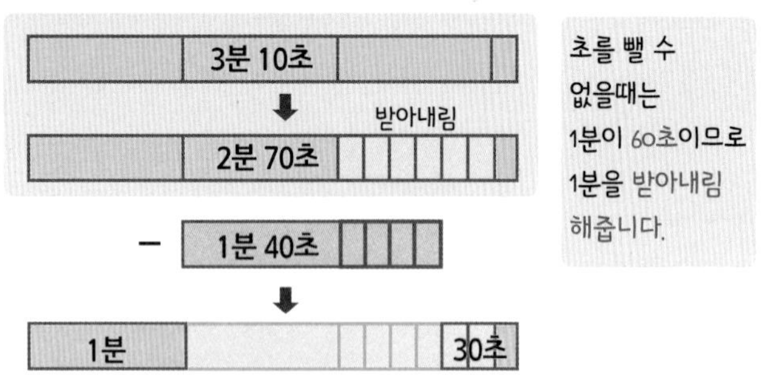

초를 뺄 수 없을때는 1분이 60초이므로 1분을 받아내림 해줍니다.

3분 10초 − 1분 40초 = 1분 30초입니다.

② 세로(밑)으로 써서 계산하기 (끼리끼리 빼기)

ㄱ. 아래와 같이 적고, 초끼리 뺍니다.

$$\begin{array}{rrr} & \overset{2}{\cancel{3}}분 & \overset{60}{10}초 \\ - & 1분 & 40초 \\ \hline & & 30초 \end{array}$$

뺄 수 없으면 1분 (60초)를 받아내림 합니다.

ㄴ. 받아내림하고 남은 분을 생각해서 분을 뺍니다.

$$\begin{array}{rrr} & \overset{2}{\cancel{3}}분 & 10초 \\ - & 1분 & 40초 \\ \hline & 1분 & 30초 \end{array}$$

받아내림하고 남은 2 − 1 = 1분

그림을 보고 두 시간의 차을 구하세요.

01.

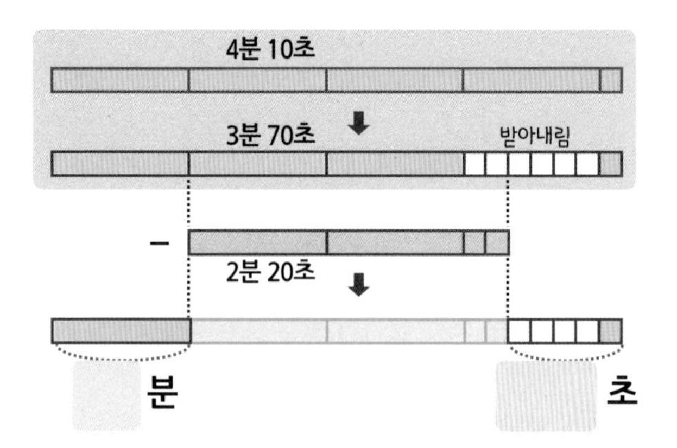

4분 10초 − 2분 20초 = ☐ 분 ☐ 초

02.

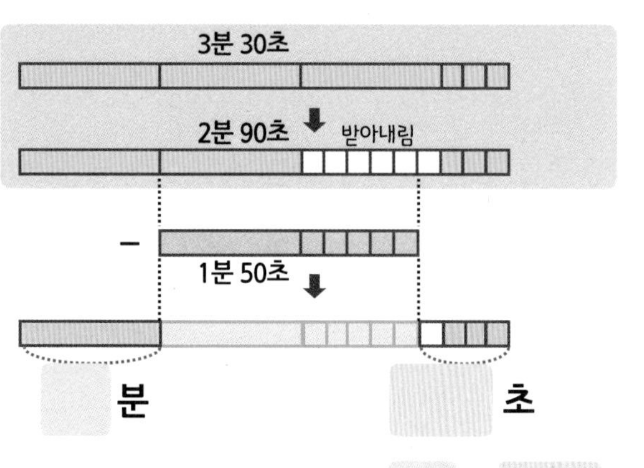

3분 30초 − 1분 50초 = ☐ 분 ☐ 초

소리내 풀기

두 시간의 차을 구하세요.

03. 6분 10초 − 2분 55초

= 5 분 ☐ 초
− 2 분 55 초
= ☐ 분 ☐ 초

$$\begin{array}{rrr} & 6분 & 10초 \\ - & 2분 & 55초 \\ \hline & ☐분 & ☐초 \end{array}$$

04. 5분 40초 − 3분 50초

= 4 분 ☐ 초
− 3 분 50 초
= ☐ 분 ☐ 초

$$\begin{array}{rrr} & 5분 & 40초 \\ - & 3분 & 50초 \\ \hline & ☐분 & ☐초 \end{array}$$

05. 7분 30초 − 1분 45초

= 6 분 ☐ 초
− 1 분 45 초
= ☐ 분 ☐ 초

$$\begin{array}{rrr} & 7분 & 30초 \\ - & 1분 & 45초 \\ \hline & ☐분 & ☐초 \end{array}$$

확인 (틀린 문제의 수를 적고, 약한 부분을 보충하세요.)

회차	틀린문제수
86 회	문제
87 회	문제
88 회	문제
89 회	문제
90 회	문제

생각해보기 (배운 내용이 모두 이해되었나요?)

■ 모두 이해하고 자신있다. → 다음 회로 넘어 갑니다.

■ 1~2문제 틀릴 수는 있겠지만 거의 이해한다.
→ 개념부분을 한번 더 읽고 다음 회로 넘어 갑니다.

■ 잘 모르는 것 같다.
→ 개념부분과 틀린문제를 한번 더 보고 다음 회로 넘어 갑니다.

오답노트 (앞에서 틀린 문제나 기억하고 싶은 문제를 적습니다.)

회 번

문제	풀이

회 번

문제	풀이

회 번

문제	풀이

회 번

문제	풀이

회 번

문제	풀이

91 시간의 계산 (세로셈)

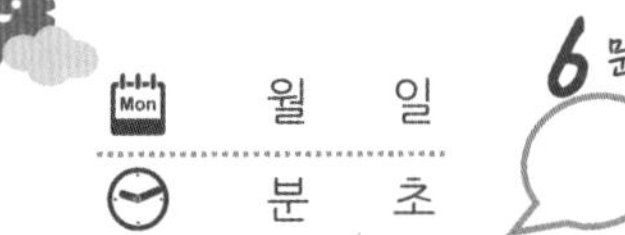

2시간 40분 50초 + 3시간 30분 45초의 계산

초 단위, 분 단위끼리의 합이 **60**이거나, **60**보다 크면 60초를 1분으로 60분을 1시간으로 받아 올림합니다.

	1		1			
	2	시간	40	분	50	초
+	3	시간	30	분	45	초
	6	시간	11	분	35	초

40+30+받아 올림1 =71에서 60분을 1시간으로받아 올림

50+45=95에서 60초를 1분으로 받아 올림

5시간 20분 20초 − 3시간 30분 45초의 계산

빼려는 초, 분이 더 크면 1분에서 60초를, 1시간에서 60분을 받아내림하여 계산합니다.

	4		60 19		60	
	~~5~~	시간	~~20~~	분	20	초
−	3	시간	30	분	55	초
	1	시간	49	분	25	초

79분-30분=49분 (내림해준 후 19분 + 내림받은 60분)

80초-55초=25초 (20초 + 내림받은 60초)

그림을 보고 두 시간의 합을 구하세요.

01.

	4	시간	20	분	30	초
+	2	시간	50	분	40	초
	□	시간	□	분	□	초

02.

	1	시간	50	분	40	초
+	6	시간	36	분	52	초
	□	시간	□	분	□	초

03.

	3	시간	49	분	58	초
+	2	시간	27	분	34	초
	□	시간	□	분	□	초

※ 초단위, 분단위, 시간단위 순으로 끼리끼리 더하고 더한값이 60초 = 1분, 60분 = 1시간 이므로 60이 넘으면 받아 올림 합니다.

두 시간의 차를 구하세요.

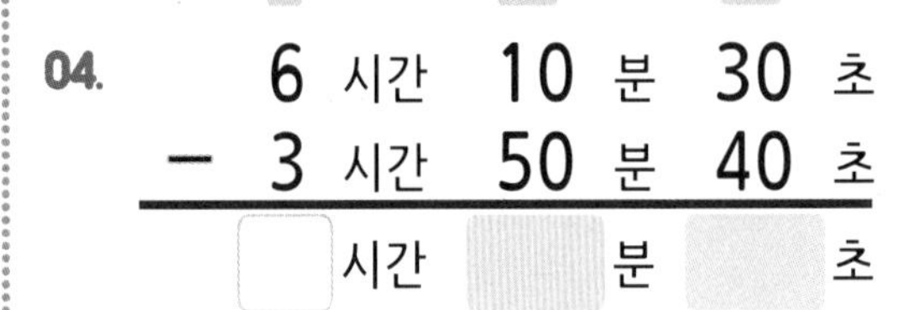

04.

	6	시간	10	분	30	초
−	3	시간	50	분	40	초
	□	시간	□	분	□	초

05.

	4	시간	20	분	40	초
−	1	시간	35	분	45	초
	□	시간	□	분	□	초

06.

	5	시간	23	분	24	초
−	2	시간	40	분	35	초
	□	시간	□	분	□	초

※ 초단위, 분단위, 시간단위 순으로 끼리끼리 빼고, 빼는 값이 더 크면 1분 = 60초, 1시간 = 60분 이므로 60을 받아내림하여, 계산합니다.

92 1m (미터)

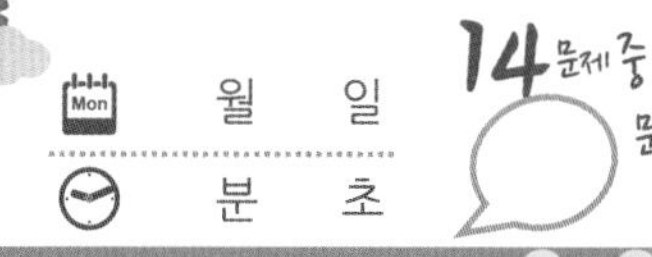

1cm(센티미터)는 10mm(밀리미터)입니다.

1 → 1mm

0 1 2 3

쓰기	읽기
1mm	1밀리미터 (일)

1cm를 10칸으로 나눈 작은 눈금 한칸
그러므로 10mm = 1cm입니다.

12mm는 1cm 2mm입니다.

십 이 밀리미터 　 일 센티미터 　 이 밀리미터

쓰기	읽기
1cm 2mm	1 센티미터 2 밀리미터

아래는 길이를 설명한 것입니다. 빈칸에 알맞은 말을 적으세요. (다 적은 후 2번 더 읽어보세요.)

01. 1밀리미터를 바르게 3번 써 보세요.

1mm

02. 10mm는 1 ☐ 이고, 1cm는 ☐ mm입니다.

03. 1cm는 1mm가 ☐ 개이고,
10mm가 ☐ 개입니다.

04. 1mm는 1 ☐ 라고 읽고,
1cm는 1 ☐ 라고 읽습니다.

05. 15mm는 1cm 보다 ☐ mm 더 길고
☐ cm ☐ mm 와 같습니다.

06. 1cm 3mm는 1cm 보다 ☐ mm 더 길고,
☐ mm 와 같습니다.

센티미터는 미터로, 미터는 센티미터로 바꾸세요.

07. 13mm = ☐ cm ☐ mm

08. 37mm = ☐ cm ☐ mm

09. 29mm = ☐ cm ☐ mm

10. 4cm 7mm = ☐ mm

11. 6cm 4mm = ☐ mm

12. 5cm 3mm = ☐ mm

13. 50 센티미터 = 500 ☐

14. 900 밀리미터 = 90 ☐

93 거리의 계산 (cm, mm)

소리내 읽기

2cm 6mm + 3cm 5mm의 계산

mm끼리 먼저 더하고, cm 끼리 더합니다.

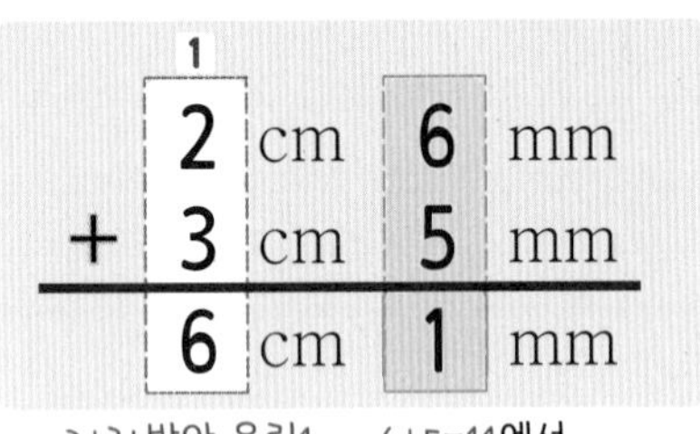

mm를 합한 값이 10이거나, 10보다 크면 10mm를 1cm로 받아 올림 해줍니다.

2+3+받아 올림1 =6

6+5=11에서 10을 1cm로 받아 올림

6cm 2mm − 3cm 5mm의 계산

mm끼리 먼저 빼고, cm 끼리 뺍니다.

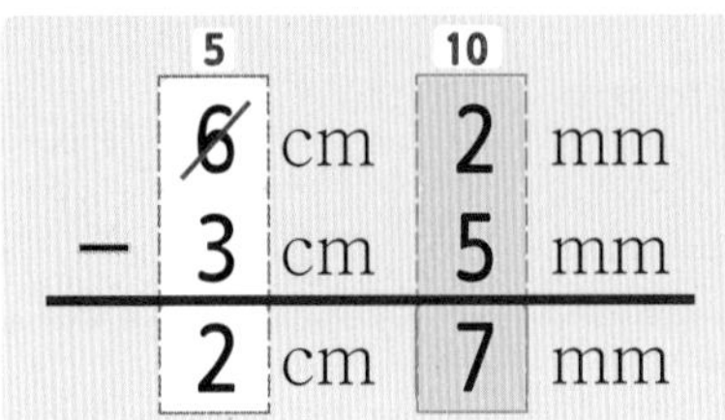

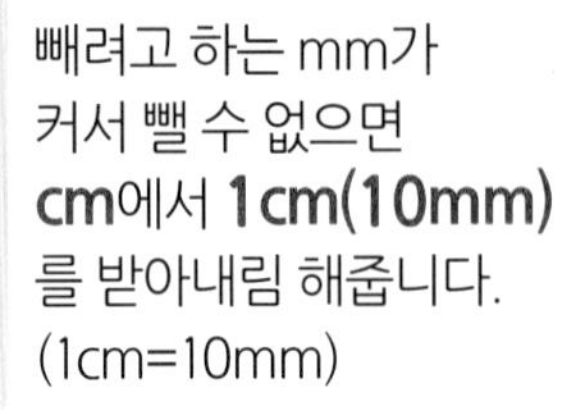
빼려고 하는 mm가 커서 뺄 수 없으면 cm에서 1cm(10mm)를 받아내림 해줍니다. (1cm=10mm)

받아내림 하고 남은 5 − 3 = 2

받아내림한 10 + 2 − 5 = 7

두 길이의 합을 구하세요.

01.
  4 cm 7 mm
+ 1 cm 6 mm
  □ cm □ mm

02.
  3 cm 9 mm
+ 3 cm 8 mm
  □ cm □ mm

03.
  1 cm 4 mm
+ 2 cm 7 mm
  □ cm □ mm

04.
  5 cm 5 mm
+ 3 cm 6 mm
  □ cm □ mm

※ 10mm = 1cm이므로 10mm가 넘으면 받아 올림 합니다.

소리내 풀기

두 길이의 차을 구하세요.

05.
  7 cm 1 mm
− 2 cm 3 mm
  □ cm □ mm

06.
  9 cm 5 mm
− 3 cm 7 mm
  □ cm □ mm

07.
  8 cm 2 mm
− 4 cm 8 mm
  □ cm □ mm

08.
  5 cm 4 mm
− 2 cm 6 mm
  □ cm □ mm

※ 1cm = 10mm이므로 받아내림 하면 10을 받아내림 합니다.

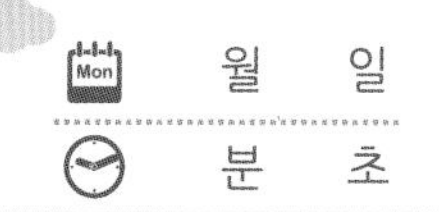
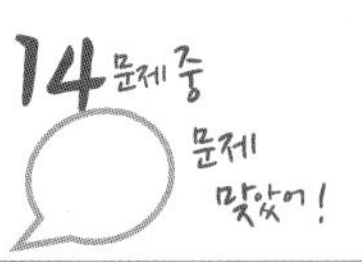

94 1km (킬로미터)

월 일 / 분 초

14문제 중 문제 맞았어!

1000m(미터)는 1km(킬로미터)입니다.

1000m = 1km

쓰기	읽기
1km	1(일) 킬로미터

1000m라고 적는 것보다 1km라고 적는게 편리합니다.

10000(만)m는 10km입니다.

1200m는 1km 200m입니다.

1200m = 1km 200m

쓰기	읽기
1km 200m	1(일) 킬로미터 200(이백) 미터

아래는 길이를 설명한 것입니다. 빈칸에 알맞은 말을 적으세요. (다 적은 후 2번 더 읽어보세요.)

01. 1킬로미터를 바르게 3번 써 보세요.

1km

02. 1km는 ☐ m이고, 5000m는 ☐ km입니다.

03. 1km는 1m가 ☐ 개이고,
10m가 ☐ 개입니다.

04. 1km는 1 ☐ 라고 읽고,
1m는 1 ☐ 라고 읽습니다.

05. 1250m는 1km 보다 ☐ m 더 길고
☐ km ☐ m 와 같습니다.

06. 1km 310m는 1km 보다 ☐ m 더 길고
☐ m 와 같습니다.

소리내 풀기 킬로미터는 미터로, 미터는 킬로미터로 바꾸세요.

07. 1404m = ☐ km ☐ m

08. 3074m = ☐ km ☐ m

09. 2009m = ☐ km ☐ m

10. 4km 754m = ☐ m

11. 6km 43m = ☐ m

12. 5km 3m = ☐ m

13. 50 킬로미터 = 50000 ☐

14. 90000 미터 = 90 ☐

95 거리의 계산 (km, m)

2km 600m + 3km 500mm의 계산

m끼리 먼저 더하고, km 끼리 더합니다.

	km	m
	1	
	2 km	600 m
+	3 km	500 m
	6 km	100 m

m를 합한 값이 1000이거나, 1000보다 크면 1000m를 1km로 받아 올림 해줍니다.

2+3+받아 올림1 =6

600+500=1100에서 1000을 1 km로 받아 올림

6km 200m – 3km 500m의 계산

m끼리 먼저 빼고, km 끼리 뺍니다.

	km	m
	5	1000
	~~6~~ km	200 m
−	3 km	500 m
	2 km	700 m

빼려고 하는 m가 커서 뺄 수 없으면 km에서 1km(1000m)를 받아내림 해줍니다. (1km=1000m)

받아내림 하고 남은 5 - 3 = 2

받아내림한 1000 + 200 - 500 = 700

두 길이의 합을 구하세요.

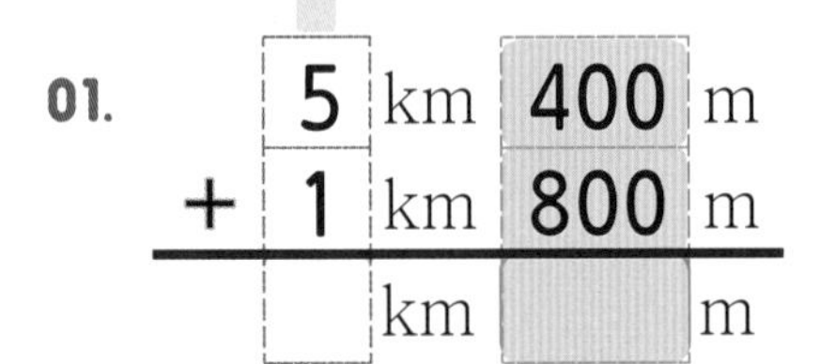

01. 5 km 400 m + 1 km 800 m = ( ) km ( ) m

02. 3 km 905 m + 4 km 300 m = ( ) km ( ) m

03. 2 km 730 m + 1 km 700 m = ( ) km ( ) m

04. 4 km 506 m + 2 km 750 m = ( ) km ( ) m

※ 1000m = 1 km이므로 1000m가 넘으면 받아 올림 합니다.

두 길이의 차을 구하세요.

05. 5 km 300 m − 1 km 600 m = ( ) km ( ) m

06. 7 km 150 m − 2 km 400 m = ( ) km ( ) m

07. 8 km 470 m − 6 km 920 m = ( ) km ( ) m

08. 6 km 249 m − 3 km 610 m = ( ) km ( ) m

※ 1 km = 1000m이므로 받아내림 하면 1000을 받아내림 합니다.

확인 (틀린 문제의 수를 적고, 약한 부분을 보충하세요.)

회차	틀린문제수
91 회	문제
92 회	문제
93 회	문제
94 회	문제
95 회	문제

생각해보기 (배운 내용이 모두 이해되었나요?)

■ 모두 이해하고 자신있다. → 다음 회로 넘어 갑니다.

■ 1~2문제 틀릴 수는 있겠지만 거의 이해한다.
→ 개념부분을 한번 더 읽고 다음 회로 넘어 갑니다.

■ 잘 모르는 것 같다.
→ 개념부분과 틀린문제를 한번 더 보고 다음 회로 넘어 갑니다.

오답노트 (앞에서 틀린 문제나 기억하고 싶은 문제를 적습니다.)

회	번
문제	풀이

회	번
문제	풀이

회	번
문제	풀이

회	번
문제	풀이

회	번
문제	풀이

96 분수

분수가 무엇인가요?

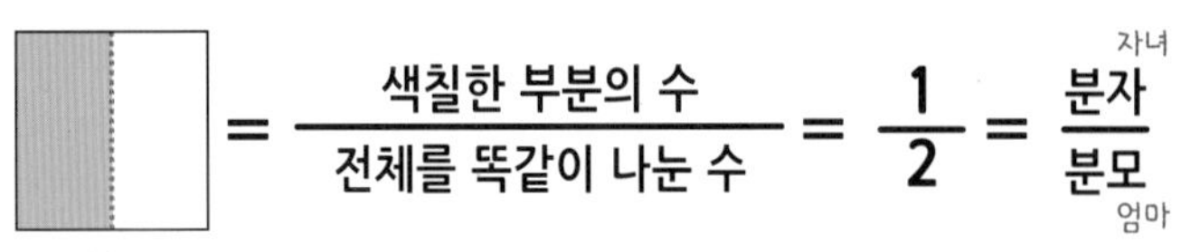

색칠한 부분은 전체를 똑같이 2로 나눈 것 중의 1입니다.

이 것을 $\frac{1}{2}$이라고 쓰고, 2분의 1이라 읽습니다.

$\frac{3}{4}$은 $\frac{1}{4}$이 3개 (3배) 있는 것입니다.

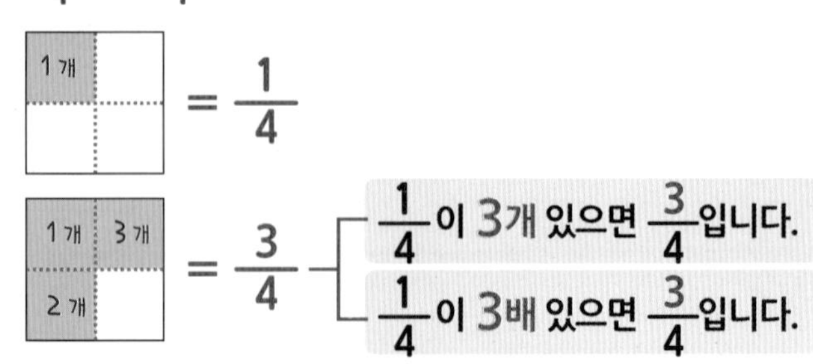

$\frac{1}{4}$이 3개 있으면 $\frac{3}{4}$입니다.

$\frac{1}{4}$이 3배 있으면 $\frac{3}{4}$입니다.

아래는 분수를 설명한 것입니다. 빈칸에 알맞은 수나 글을 적으세요. (다 적은 후 2번 더 읽어보세요.)

01. 전체 중 차지하는 부분을 간단히 나타내기 위하여 [ ] 를 사용합니다.

02. 분수를 나타내는 방법은 중간에 가로선을 긋고, 전체의 수를 가로선의 아래에 적고, 차지하는 부분은 가로선의 [ ] 에 적습니다.

03. 분수의 아래 부분은 분모, 위 부분은 [ ] 라 합니다.

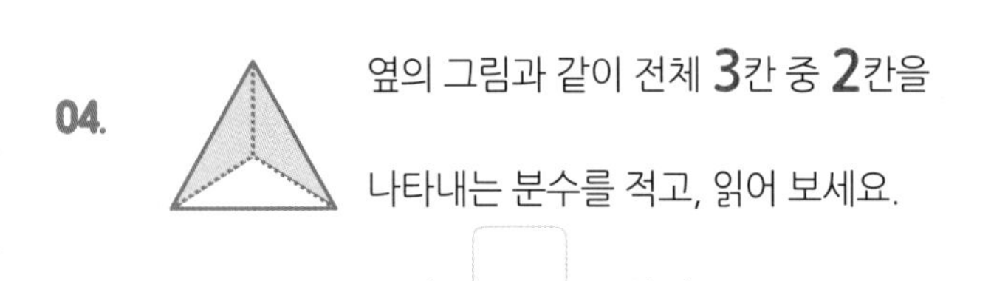

04. 옆의 그림과 같이 전체 3칸 중 2칸을 나타내는 분수를 적고, 읽어 보세요.

쓰기 : [ ] 읽기: ______

05. $\frac{3}{5}$은 전체 [ ] 부분 중 [ ] 부분을 나타냅니다.

색칠한 그림을 보고 분수로 표시하고, 분수를 보고 그림에 색칠해 보세요.

06. 쓰기 : [ ] 읽기: ______

07. 쓰기 : [ ] 읽기: ______

08. 쓰기 : [ ] = $\frac{1}{5}$의 [ ] 배

09. 읽기: 6분의 2 ⟶

10. $\frac{1}{6}$의 3배 = [ ] ⟶

※ $\frac{1}{2}$과 같이 표시하는 것을 분수라고 합니다. 분수는 밑에 있는 분모를 먼저 읽고, 분자를 읽습니다. 엄마를 모라 하고, 자식을 자라고 하듯이, 엄마가 아이를 업고 있다고 생각하세요.

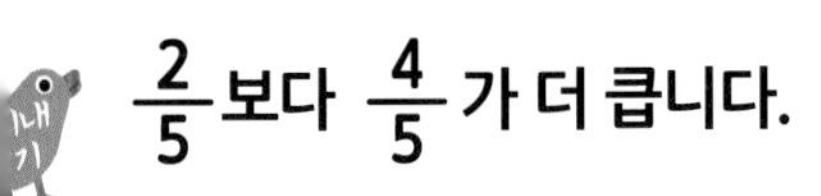

97 분수의 크기

월 일 / 분 초

10 문제 중 문제 맞았어!

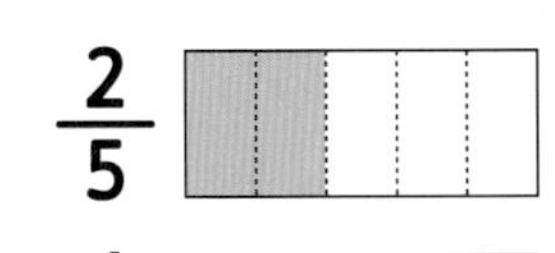

$\frac{2}{5}$보다 $\frac{4}{5}$가 더 큽니다.

$\frac{2}{5}$ / $\frac{4}{5}$

$\frac{2}{5} < \frac{4}{5}$

분모가 같으면
분자가 클수록 큰 수입니다.

$\frac{1}{3}$보다 $\frac{1}{5}$이 더 작습니다.

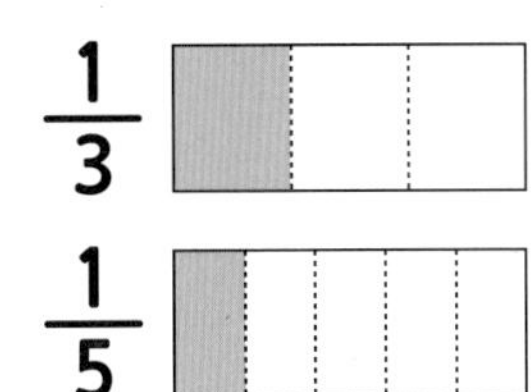

$\frac{1}{3}$ / $\frac{1}{5}$

$\frac{1}{3} > \frac{1}{5}$

분자가 같으면
분모가 작을수록 큰 수 입니다.

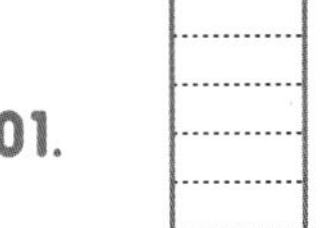

○ 안에 >,=,<를 알맞게 표시하세요.

01. $\frac{5}{6}$ ○ $\frac{4}{6}$

02. $\frac{1}{3}$ ○ $\frac{2}{3}$

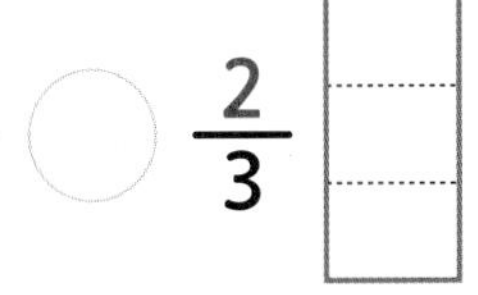

03. 전체를 똑같이 4로 나눈 것의 중 2 ○ 전체를 똑같이 4로 나눈 것의 중 3

04. $\frac{1}{6}$의 3배인 수 ○ $\frac{1}{6}$의 1배인 수

05. $\frac{1}{8}$이 4개인 수 ○ $\frac{1}{8}$이 5개인 수

06. $\frac{1}{5}$ ○ $\frac{1}{6}$

07. $\frac{1}{5}$ ○ $\frac{1}{3}$

08. 전체를 똑같이 4로 나눈 것의 중 1 ○ 전체를 똑같이 3으로 나눈 것의 중 1

09. $\frac{1}{6}$의 2배인 수 ○ $\frac{1}{2}$의 2배인 수

10. $\frac{1}{8}$이 3개인 수 ○ $\frac{1}{5}$이 3개인 수

이어서 나는 ＿＿＿을(를) 공부/연습할거야!!

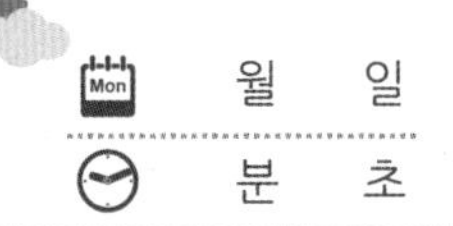

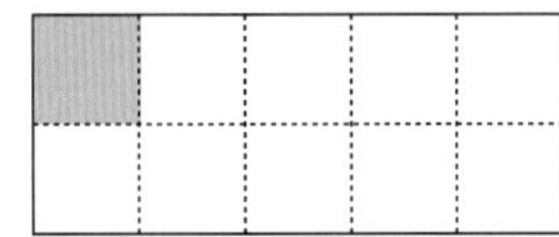

98 소수

월 일
분 초

10 문제 중 문제 맞

소수가 무엇인가요?

$\frac{1}{10} = 0.1$ (십 분의 일 = 영 점 일)

전체를 똑같이 10으로 나눈 것 중의 1을 분수로는 $\frac{1}{10}$(십 분의 일),

소수로는 0.1(영 점 일)이라 쓰고, 영점 일이라고 읽습니다.

$\frac{3}{10}$(십 분의 삼)을 0.3(영 점 삼)이라고 하고, 0.1이 3개 있는 것입니다.

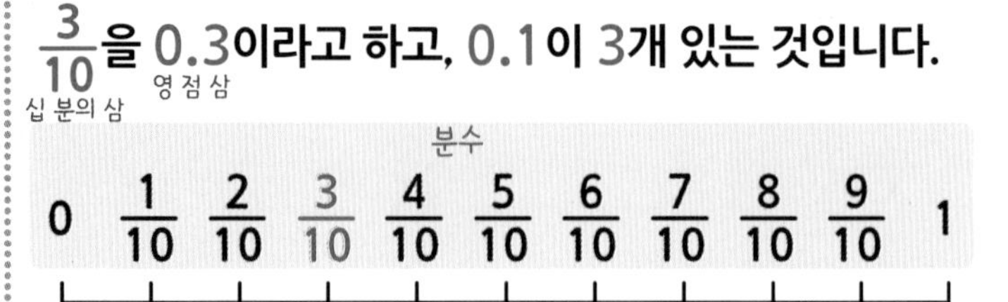

아래는 소수를 설명한 것입니다. 빈칸에 알맞은 수나 글을 적으세요. (다 적은 후 2번 더 읽어보세요.)

01. 점을 사용하여 1 보다 작은 값을 표시하기 위해 [ ]를 사용하고, 이 때 쓰이는 점을 **소수점**이라고 합니다.

02. $\frac{6}{10}$(십 분의 육)을 소수로 [ ]이고, [ ]이라 읽습니다.

03. 0.4(영 점 사)는 0.1이 [ ]개인 수이고,
1.4(일 점 사)는 0.1이 [ ]개인 수입니다.
1.4(일 점 사)는 1보다 [ ]만큼 더 큰 수입니다.

04. 0.1이 25개인 수는 [ ]이고, **이점 오**라고 읽습니다.

05. 10mm는 1cm입니다. 1mm는 0.1cm입니다.
30mm는 [ ]cm입니다. 3mm는 [ ]cm입니다.
3.6cm는 [ ]mm이고, [ ]센티미터라고 읽습니다.

아래의 [ ]에 적당한 수나 글을 적으세요.

06.

분수 : [ ] 소수 : [ ] 소수 읽기: ______

07. $\frac{5}{10} = 0.$[ ]

08. 0.4cm = [ ]mm

09. 2.1cm = [ ]mm = [ ]cm [ ]mm

10. 1cm 4mm = [ ]mm = [ ]cm

※ 0.1과 같이 점을 사용하여 1보다 작은 수를 표시하는 것을 소수라고 합니다.
이 때 쓰이는 점을 소수점이라고 합니다.

99 소수의 크기

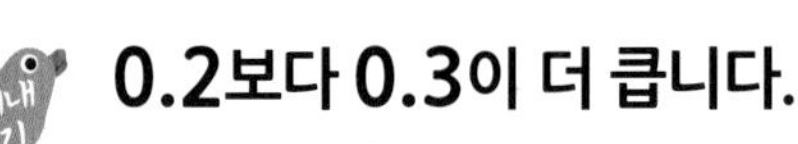

0.2보다 0.3이 더 큽니다.

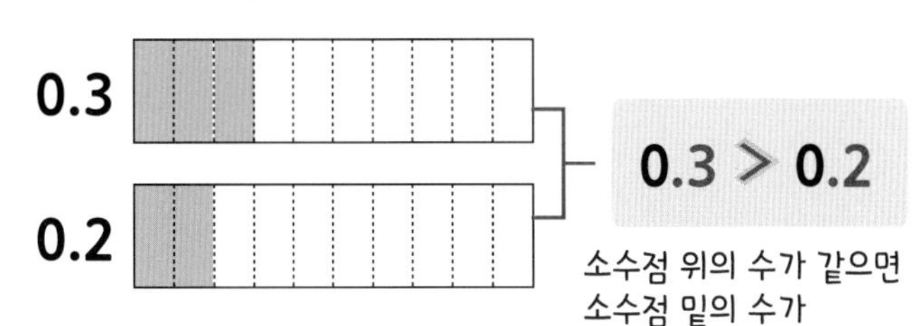

소수점 위의 수가 같으면
소수점 밑의 수가
큰 쪽이 더 큽니다.

0.3보다 1.1이 더 큽니다.

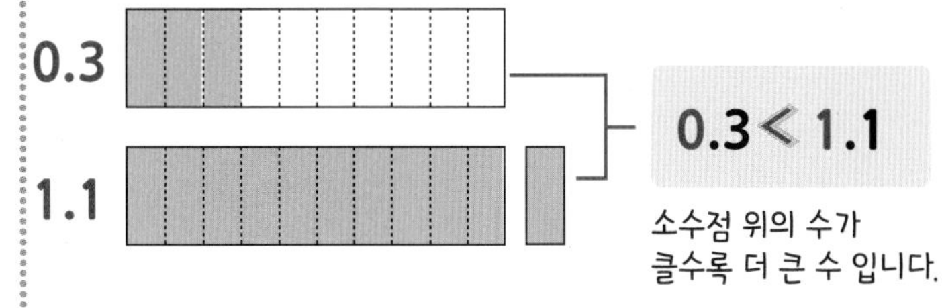

소수점 위의 수가
클수록 더 큰 수 입니다.

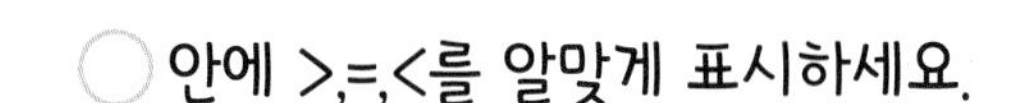

◯ 안에 >,=,<를 알맞게 표시하세요.

01. 0.5 ◯ 0.4

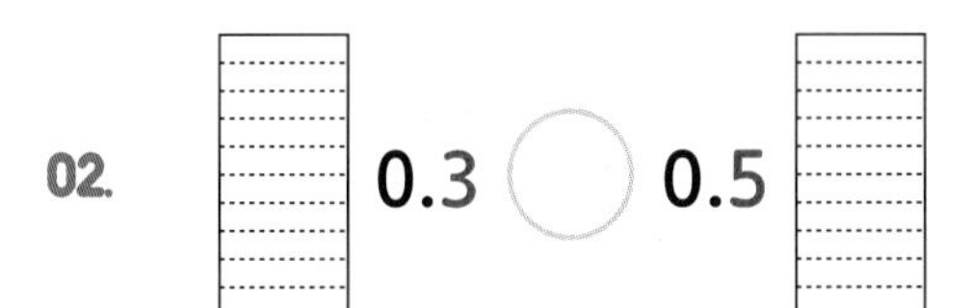

02. 0.3 ◯ 0.5

03. 0.1이 6개인 수 ◯ 0.1이 2개인 수

04. 0.1이 7배인 수 ◯ 0.1이 5배인 수

05. 1보다 0.2 작은 수 ◯ 1보다 0.1 작은 수

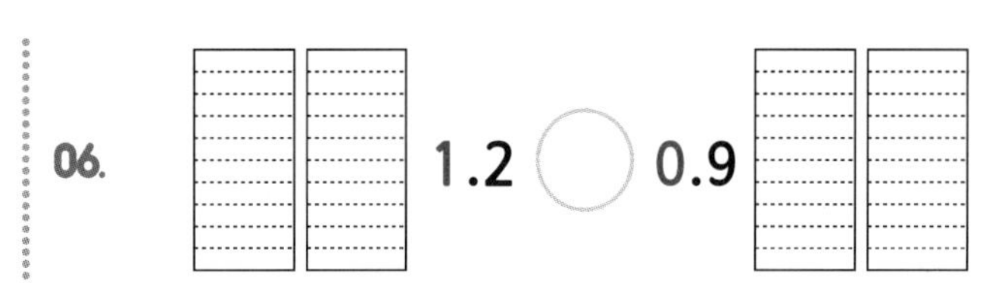

06. 1.2 ◯ 0.9

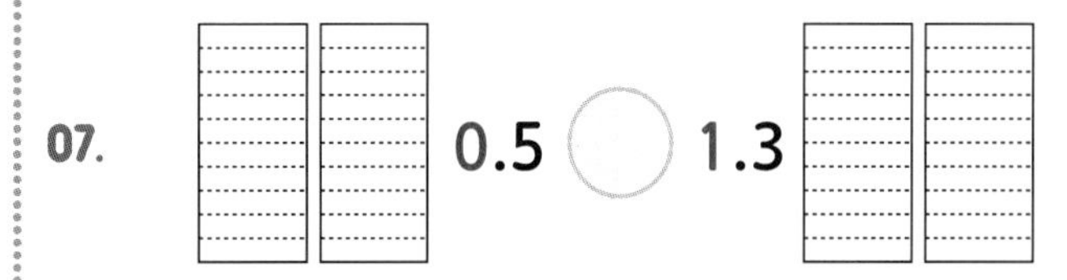

07. 0.5 ◯ 1.3

08. 0.1이 23개인 수 ◯ 0.1이 15개인 수

09. 0.1이 17배인 수 ◯ 0.1이 31배인 수

10. 2보다 0.3 큰 수 ◯ 3보다 0.1 큰 수

※ 0.9보다 0.1 큰 수는 1 입니다. 1 보다 0.1 작은 수는 0.9 입니다.

100 분수와 소수 (생각문제)

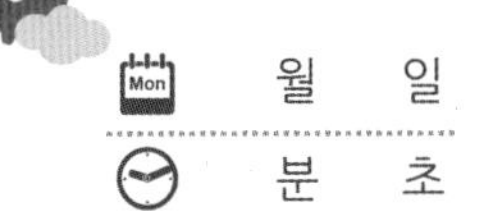

문제) 빵 1개를 **10**조각으로 똑같이 나눠 **4**조각을 먹었습니다. 먹은 조각을 분수와 소수로 나타내세요.

풀이) 전체 빵 조각 수 = 10 먹은 조각 = 4

분수 = $\frac{\text{먹은 조각 수}}{\text{전체 조각 수}} = \frac{4}{10}$ 이고

소수 = $\frac{4}{10}$ = 0.4입니다.

분수) $\frac{4}{10}$

소수) 0.4

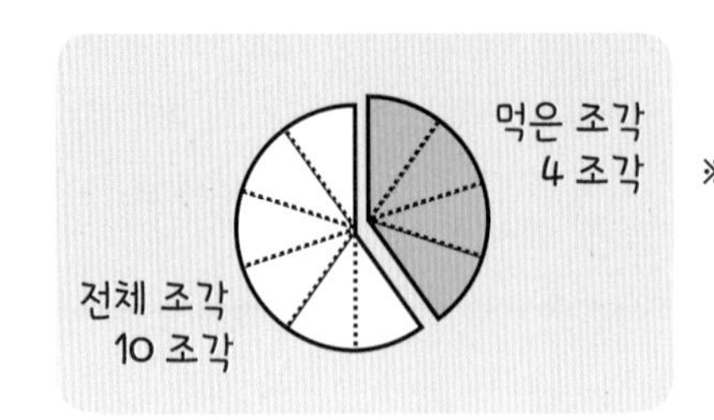

※ 전체가 10이거나 1개를 10으로 나눈 분수만이 소수로 나타낼 수 있습니다.

아래의 문제를 풀어보세요.

01. 사탕 **15**개 중 내 것은 **5**개 입니다. 전체 중 내 것을 나타내는 것을 분수로 나타내어 보세요.

풀이) 전체 수 = ☐ 개

내것 수 = ☐ 개

분수 = $\frac{☐}{\text{전체 수}} = \frac{☐}{☐}$ 입니다.

답) ☐

02. 사과 **32**개를 사왔는데 **12**개가 상해서 버렸습니다. 전체의 사과 중상해서 버린 사과를 분수로 나타내어 보세요.

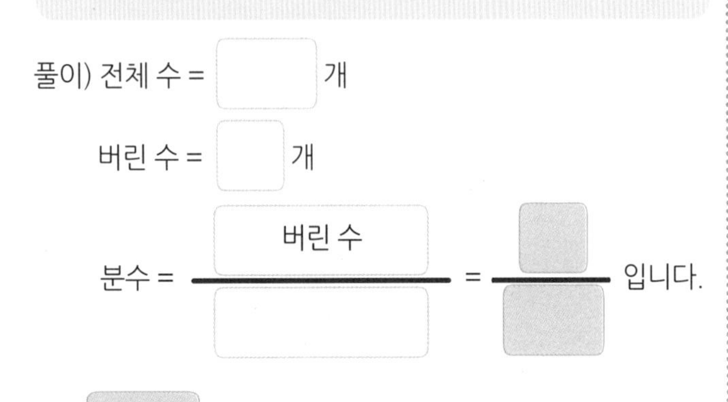

03. 나는 **10**일 동안 **5**일은 책을 보고 있습니다. 전체의 날 중 책을 보는 날을 분수와 소수로 나타내어 보세요.

풀이) (식 2점 답 1점)

분수) ☐ 소수) ☐

04. 내가 문제를 만들어 풀어 봅니다. (분수, 소수)

풀이) (문제 2점 식 2점 답 1점)

답) ☐

확인 (틀린 문제의 수를 적고, 약한 부분을 보충하세요.)

회차	틀린문제수
96 회	문제
97 회	문제
98 회	문제
99 회	문제
100 회	문제

오답노트 (앞에서 틀린 문제나 기억하고 싶은 문제를 적습니다.)

회 번	
문제	풀이

회 번	
문제	풀이

회 번	
문제	풀이

회 번	
문제	풀이

회 번	
문제	풀이

생각해보기 (배운 내용이 모두 이해되었나요?)

■ 모두 이해하고 자신있다. → 다음 회로 넘어 갑니다.

■ 1~2문제 틀릴 수는 있겠지만 거의 이해한다.
→ 개념부분을 한번 더 읽고 다음 회로 넘어 갑니다.

■ 잘 모르는 것 같다.
→ 개념부분과 틀린문제를 한번 더 보고 다음 회로 넘어 갑니다.

공부하는 습관 !

하루 10분 수학

5 단계 총정리

3학년 1학기 과정 8회분

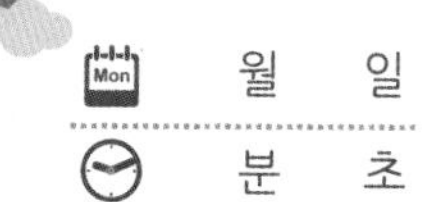

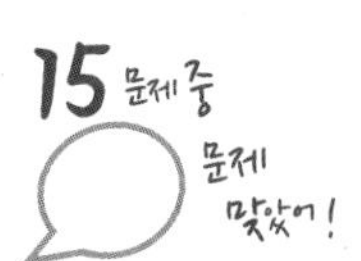

받아 올림에 주의하여 계산해 보세요.

01.
	1	0	9
+	7	1	3

02.
	3	7	7
+	4	1	7

03.
	6	6	2
+	2	5	2

04.
	2	1	9
+	5	0	9

05.
	3	3	2
+	3	9	4

06.
	2	6	9
+	5	9	5

07.
	4	4	9
+	1	6	5

08.
	3	8	3
+	6	0	9

09.
	1	3	7
+	2	5	6

10.
	2	9	6
+	4	0	4

11.
	6	2	9
+	2	8	4

12.
	2	6	7
+	7	1	7

13.
	5	6	5
+	4	2	6

14.
	3	2	2
+	1	7	8

15.
	2	7	8
+	2	3	2

102 총정리 2 (세 자리수의 덧셈 2)

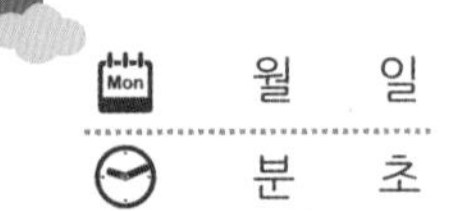

아래 식을 계산하여 값을 적으세요.

01. 183+676=

02. 531+329=

03. 281+445=

04. 448+289=

05. 427+278=

06. 224+653=

07. 363+579=

08. 571+144=

09. 262+258=

10. 478+392=

11. 215+448=

12. 174+368=

13. 546+254=

14. 319+156=

15. 153+352=

103 총정리 3 (세 자리수의 뺄셈 1)

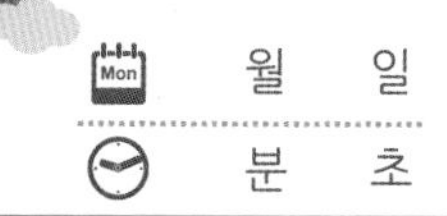

받아 올림에 주의하여 계산해 보세요.

01. $\begin{array}{r} 826 \\ -\ 334 \\ \hline \end{array}$

02. $\begin{array}{r} 540 \\ -\ 365 \\ \hline \end{array}$

03. $\begin{array}{r} 731 \\ -\ 456 \\ \hline \end{array}$

04. $\begin{array}{r} 517 \\ -\ 142 \\ \hline \end{array}$

05. $\begin{array}{r} 475 \\ -\ 295 \\ \hline \end{array}$

06. $\begin{array}{r} 692 \\ -\ 444 \\ \hline \end{array}$

07. $\begin{array}{r} 934 \\ -\ 609 \\ \hline \end{array}$

08. $\begin{array}{r} 418 \\ -\ 263 \\ \hline \end{array}$

09. $\begin{array}{r} 349 \\ -\ 255 \\ \hline \end{array}$

10. $\begin{array}{r} 866 \\ -\ 398 \\ \hline \end{array}$

11. $\begin{array}{r} 719 \\ -\ 378 \\ \hline \end{array}$

12. $\begin{array}{r} 515 \\ -\ 299 \\ \hline \end{array}$

13. $\begin{array}{r} 845 \\ -\ 468 \\ \hline \end{array}$

14. $\begin{array}{r} 773 \\ -\ 397 \\ \hline \end{array}$

15. $\begin{array}{r} 592 \\ -\ 448 \\ \hline \end{array}$

104 총정리 4 (세 자리수의 뺄셈 2)

15 문제 중 문제 맞

아래 식을 계산하여 값을 적으세요.

01. 756−583=

02. 813−642=

03. 926−133=

04. 849−751=

05. 436−299=

06. 518−109=

07. 617−378=

08. 768−482=

09. 674−439=

10. 542−258=

11. 667−488=

12. 531−453=

13. 755−407=

14. 846−148=

15. 442−276=

105 총정리5(곱셈1)

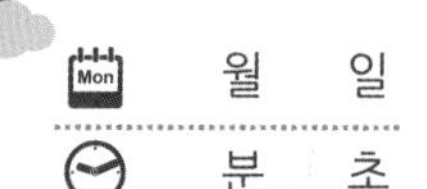

월 일

분 초

아래 식을 계산하여 값을 적으세요.

01. $56 \times 5 =$

02. $84 \times 4 =$

03. $68 \times 9 =$

04. $73 \times 3 =$

05. $85 \times 2 =$

06. $97 \times 5 =$

07. $49 \times 3 =$

08. $64 \times 6 =$

09. $33 \times 4 =$

10. $19 \times 3 =$

11. $42 \times 7 =$

12. $35 \times 8 =$

13. $69 \times 8 =$

14. $83 \times 6 =$

15. $28 \times 5 =$

16. $93 \times 3 =$

106 총정리6 (곱셈 2)

아래 식을 계산하여 값을 적으세요.

01. $66 \times 2 =$ ☐

02. $25 \times 7 =$ ☐

03. $97 \times 2 =$ ☐

04. $49 \times 5 =$ ☐

05. $61 \times 6 =$ ☐

06. $96 \times 7 =$ ☐

07. $26 \times 3 =$ ☐

08. $98 \times 6 =$ ☐

09. $39 \times 4 =$ ☐

10. $57 \times 9 =$ ☐

11. $65 \times 3 =$ ☐

12. $28 \times 2 =$ ☐

13. $19 \times 8 =$ ☐

14. $91 \times 5 =$ ☐

15. $47 \times 8 =$ ☐

16. $67 \times 4 =$ ☐

17. $37 \times 5 =$ ☐

18. $75 \times 9 =$ ☐

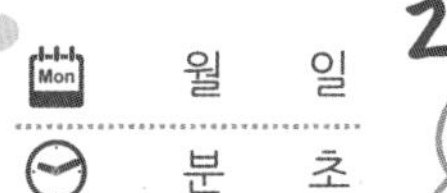

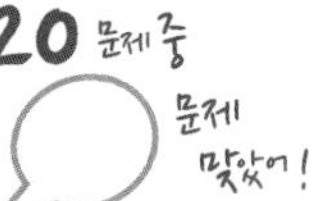

아래 식을 계산하여 값을 적으세요.

01. $3 \overline{)\,18}$

02. $5 \overline{)\,10}$

03. $7 \overline{)\,63}$

04. $9 \overline{)\,72}$

05. $8 \overline{)\,32}$

06. $4 \overline{)\,36}$

07. $2 \overline{)\,18}$

08. $6 \overline{)\,42}$

09. $8 \overline{)\,16}$

10. $5 \overline{)\,25}$

11. $9 \overline{)\,27}$

12. $8 \overline{)\,48}$

13. $7 \overline{)\,35}$

14. $6 \overline{)\,24}$

15. $3 \overline{)\,21}$

16. $5 \overline{)\,45}$

17. $4 \overline{)\,28}$

18. $8 \overline{)\,64}$

19. $7 \overline{)\,14}$

20. $8 \overline{)\,56}$

108 총정리8(나눗셈 2)

아래 식을 계산하여 값을 적으세요.

01. $40 \div 8 =$ ☐

02. $49 \div 7 =$ ☐

03. $36 \div 4 =$ ☐

04. $12 \div 2 =$ ☐

05. $32 \div 8 =$ ☐

06. $14 \div 2 =$ ☐

07. $54 \div 9 =$ ☐

08. $48 \div 8 =$ ☐

09. $35 \div 7 =$ ☐

10. $64 \div 8 =$ ☐

11. $28 \div 4 =$ ☐

12. $12 \div 3 =$ ☐

13. $27 \div 3 =$ ☐

14. $25 \div 5 =$ ☐

15. $56 \div 8 =$ ☐

16. $21 \div 3 =$ ☐

17. $32 \div 4 =$ ☐

18. $18 \div 9 =$ ☐

공부하는 습관 !

하루 10분 수학

5단계 정답지

3학년 1학기 수준

가능한 학생이 직접 채점합니다.

틀린문제는 다시 풀고 확인하도록 합니다.

문의 : WWW.OBOOK.KR (고객센타 : 031-447-5009)

01회 (12p)

01 41 (11,41) 02 53 (13,53) 03 61 (11,61)

04 32 (=20+4+8=20+12) 05 77 (=60+8+9=60+17)

06 54 (=40+7+7=40+14) 07 22 (=10+7+5=10+12)

08 42 (=30+6+6=30+12) 09 67 (=50+8+9=50+17)

오늘부터 하루10분수학을 꾸준히 정한 시간에 하도록 합니다.
위의 설명을 꼼꼼히 읽고, 그 방법대로 천천히 풀어봅니다.
빨리 푸는 것보다는 정확히 풀도록 노력하세요!!!
틀린 문제나 중요한 문제를 책에 색연필로 표시하고,
오답노트를 작성하거나 5회가 끝나면 다시 보도록 합니다.

02회 (13p)

01 45 (15,45) 02 31 (11,31) 03 53 (13,53)

04 50 (=4+6+40=10+40) 05 43 (=9+4+30=13+30)

06 64 (=8+6+50=14+50) 07 41 (=6+5+30=11+30)

08 65 (=9+6+50=15+50) 09 24 (=5+9+10=14+10)

03회 (14p)

01 51 (41,51) 02 42 (22,42) 03 63 (33,63)

04 44 (=28+6+10=34+10) 05 86 (=49+7+30=56+30)

06 62 (=37+5+20=42+20) 07 43 (=19+4+20=23+20)

08 61 (=28+3+30+31+30) 09 74 (=57+7+10=64+10)

04회 (15p)

01 83 (70,13) 02 82 (70,12) 03 61 (50,11)

04 62 (=30+6+20+6=50+12)

05 66 (=10+9+40+7=50+16)

06 55 (=20+6+20+9=40+15)

07 92 (=30+4+50+8=80+12)

08 54 (=10+5+30+9=40+14)

05회 (16p)

01 20 02 42 03 33 04 30 05 55

06 60 07 70 08 61 09 72 10 91

11 91 12 80 13 64 14 91 15 64

5회가 끝나면 나오는 확인페이지를 잘 적고,
내가 어떤 것을 잘 틀리고, 중요하게 여기는지 꼭 확인해 봅니다

06회 (18p)

01 44 02 54 03 82 04 83 05 60 06 95

07 80 08 91 09 83

식을 세로로 적을 때는 앞의 수를 위에 적고,
뒤의 수를 밑에 적습니다. 덧셈기호 +도 꼭 적어주세요.

07회 (19p)

01 63 02 73 03 90 04 56

05 90 06 61 07 66 08 86

09 51 10 77 11 84 12 94

08회 (20p)

01 151 02 141 03 123 04 116 05 122 06 156

07 102 08 102 09 122

09회 (21p)

01 121 02 134 03 110 04 134 05 174

06 104 07 100 08 103 09 102 10 124

11 140 12 163 13 131 14 131 15 126

※ 하루 10분수학을 다하고 다음에 할 것을 정할 때
수학익힘책을 예습하거나, 복습하는 것도 좋습니다.
수학공부는 교과서, 익힘책, 하루10분수학으로 충분합니다.^^

10회(22p)

01 97,73,+,97+73,170 식) 97+73 답) 170

02 68,24,+,68+24,92 식) 68+24 답) 92

03 지금까지 본 쪽수 = 55, 더 볼 쪽수 = 36

보게될 쪽수 = 지금까지 본 쪽수 + 더 볼 쪽수 이므로

55 + 36 = 91쪽입니다. 식) 55+36 답) 91쪽

생각문제의 마지막 [illegible]번은 내가 만드는 문제입니다.
내가 친구나 동생에게 문제를 낸다면 어떤 문제를 낼지
생각해서 만들어 보세요.
다 만들고, 풀어서 답을 적은 후 부모님이나 선생님에게
잘 만들었는지 물어보거나, 자랑해 보세요^^

11회(24p)

01 351 (300,40,11,340,351)

02 941 (900,30,11,930,941)

03 796 (700,80,16,780,796)

04 351 = 100+30+5+200+10+6
= 100+200+30+10+5+6
= 300+40+11 = 340+11 = 351

05 941 = 400+20+3+500+10+8
= 400+500+20+10+3+8
= 900+30+11 = 930+11 = 941

06 796 = 600+50+9+100+30+7
= 600+100+50+30+9+7
= 700+80+16 = 780+16 = 796

12회(25p)

01 753 (700,40,13,740,753)

02 582 (500,70,12,570,582)

03 462 (400,50,12,450,462)

04 683 (600,70,13,670,683)

05 770 = 300+10+4+400+50+6
= 300+400+10+50+4+6
= 700+60+10 = 760+10 = 770

06 565 = 200+30+7+300+20+8
= 200+300+30+20+7+8
= 500+50+15 = 550+15 = 565

07 764 = 100+40+5+600+10+9
= 100+600+40+10+5+9
= 700+50+14 = 750+14 = 764

08 694 = 500+20+7+100+60+7
= 500+100+20+60+7+7
= 600+80+14 = 680+14 = 694

13회(26p)

01 411 02 511 03 713 04 930
05 623 06 914 07 720 08 614
09 741 10 905 11 535 12 843

14회(27p)

01 700 02 803 03 731 04 942
05 543 06 692 07 910 08 700
09 953 10 845 11 800 12 610

15회(28p)

01 741 02 854 03 460 04 204 05 483
06 310 07 613 08 840 09 502 10 633
11 461 12 902 13 911 14 926 15 521

벌써 15회를 했습니다. 정한 시간에 꾸준히 하고 있나요?
아침에 일어나서 학교 가기전에 해 보는 건 어떤가요?
가랑비에 옷이 젖듯이 꾸준히 하다보면 수학이 좋아질거에요^^

16회(30p)

01 377 02 485 03 449 04 586 05 667 06 763
07 918 08 885 09 788

17회(31p)

01 676 02 375 03 567 04 648
05 759 06 787 07 596 08 778
09 667 10 977 11 771 12 999

18회(32p)

01 612 02 561 03 600 04 600 05 802 06 810
07 640 08 810 09 803

19회(33p)

01 531 02 640 03 510 04 725
05 820 06 906 07 811 08 821
09 632 10 700 11 521 12 802

20회(34p)

01 398,44,+,398+44,442 식) 398+44 답) 442

02 237,168,+,237+168,405 식) 237+168 답) 405

03 노란꽃 수 = 138, 빨간꽃 수 = 124

전체 수 = 노란꽃 수 + 빨간꽃 수이므로

138+124=262송이입니다. 식) 138+124 답) 262

생각문제와 같이 글로된 문제를 풀때는
꼼꼼히 중요한 것을 적고,
깨끗이 순서대로 적으면서 푸는 연습을 합니다.
수학은 느낌으로 문제를 푸는 것이 아니라,
원리를 이용하여 차근차근 생각하면서 푸는 과목입니다.

21회(36p)

01 684 02 483 03 639 04 556 05 820
06 571 07 704 08 902 09 843 10 932
11 899 12 613 13 798 14 919 15 651

22회(37p)

01 708 02 494 03 855 04 659 05 705
06 541 07 663 08 911 09 813 10 942
11 689 12 910 13 730 14 703 15 814

23회(38p)

01 835 02 941 03 633 04 713 05 711
06 907 07 931 08 681 09 528 10 833
11 742 12 547 13 851 14 521 15 447

24회(39p)

01 447 02 563 03 870 04 710 05 622
06 426 07 375 08 822 09 747 10 811
11 981 12 423 13 455 14 723 15 951

25회(40p)

01 237,65,+,237+65,302 식) 237+65 답) 302

02 168,197,+,168+197,365 식) 168+197 답) 365

03 동화책 수 = 423, 위인전 수 = 379

전체 수 = 동화책 수 + 위인전 수이므로

423+379=802권입니다. 식) 423+379 답) 802

03번 생각문제를 만드는 것도 재미있지요^^
잘 생각해서 만들고, 풀어 보세요!!!

26회(42p)

01 28 (20,15,8,28) 02 35 (30,11,5,35)
03 49 (40,13,9,49) 04 19 (=10+14−5=10+9)
05 53 (=50+12−9=50+3) 06 75 (=70+13−8=70+5)
07 26 (=20+12−6=20+6) 08 37 (=30+14−7=30+7)
09 48 (=40+11−3=40+8)

27회(43p)

01 29 (25,10,4,29) 02 36 (31,10,5,36)
03 47 (44,10,3,47) 04 16 (=14+10−8=14+2)
05 58 (=57+10−9=57+1) 06 48 (=46+10−8+46+2)
07 28 (=27+10−9=27+1) 08 46 (=43+10−7=43+3)
09 66 (=62+10−6=62+4)

28회(44p)

01 28 (34,28) 02 45 (52,45) 03 6 (15,6)
04 13 (=31−10−8=21−8) 05 39 (=73−30−4=43−4)
06 27 (=52−20−5=32−5) 07 37 (=63−20−6=43−6)
08 28 (=47−10−9=37−9) 09 55 (=82−20−7=62−7)

29회(45p)

01 28 (48,28) 02 45 (55,45) 03 6 (36,6)
04 13 (=31−8−10=23−10) 05 39 (=73−4−30=69−30)
06 27 (=52−5−20=47−20) 07 49 (=84−5−30=79−30)
08 38 (=91−3−50=88−50) 09 36 (=62−6−20=56−20)

30회(46p)

01 18 02 18 03 29 04 28 05 33 06 37
07 15 08 15 09 45 10 47 11 19 12 7
13 53 14 68 15 44 16 25 17 36 18 27

31회(48p)

01 18 02 36 03 7 04 22 05 29 06 24
07 26 08 27 09 54

32회(49p)

01 17 02 29 03 18 04 36
05 26 06 29 07 34 08 14
09 58 10 14 11 68 12 19

33회(50p)

01 68 02 59 03 78 04 63 05 79 06 74
07 97 08 55 09 78

34회(51p)

01 47 02 38 03 79 04 78 05 79
06 56 07 86 08 46 09 56 10 67
11 97 12 89 13 79 14 87 15 35

35회(52p)

01 97,18,−,97−18,79 식) 97−18 답) 79
02 92,68,−,92−68,24 식) 92−68 답) 24
03 전체 쪽수 = 91, 본 쪽수 = 55
남은 쪽수 = 전체 쪽수 − 본 쪽수이므로
91−55=36쪽입니다. 식) 91−55 답) 36

36회(54p)

01 416 (400,10,6,410,416)
02 442 (400,40,2,440,442)
03 251 (200,50,1,250,251)

04 416 = (500−100)+(70−60)+(9−3)
= 400+10+6 = 410+6 = 416
05 442 = (700−300)+(50−10)+(4−2)
= 400+40+2 = 440+2 = 442
06 251 = (600−400)+(80−30)+(5−4)
= 200+50+1 = 250+1 = 251

37회(55p)

01 453 (400,50,3,450,453)
02 442 (400,40,2,440,442)
03 232 (200,30,2,230,232)
04 111 (100,10,1,110,111)
05 143 = (300−200)+(50−10)+(6−3)
= 100+40+3 = 140+3 = 143
06 314 = (900−600)+(60−50)+(8−4)
= 300+10+4 = 310+4 = 314
07 749 = (700−500)+(40−40)+(9−6)
= 200+0+3 = 200+3 = 203
08 452 = (800−400)+(80−30)+(7−5)
= 400+50+2 = 450+2 = 452

38회(56p)

01 108 02 217 03 488 04 98
05 59 06 369 07 187 08 378
09 589 10 487 11 636 12 157

39회(57p)

01 365 02 786 03 388 04 376 05 555
06 367 07 155 08 258 09 276 10 676
11 338 12 349 13 129 14 258 15 496

40회(58p)

01 321 02 207 03 124 04 481 05 613
06 539 07 179 08 298 09 389 10 393
11 207 12 69 13 127 14 687 15 229

41회(60p)

01 232 02 203 03 250 04 362 05 121 06 322
07 109 08 410 09 372

42회(61p)

01 432 02 141 03 122 04 282
05 540 06 117 07 21 08 446
09 312 10 112 11 622 12 432

43회(62p)

01 178 02 179 03 199 04 286 05 235 06 274
07 98 08 398 09 576

44회(63p)

01 368 02 59 03 78 04 276
05 498 06 199 07 181 08 378
09 254 10 285 11 565 12 367

45회(64p)

01 520,37,−,520−37,483 식) 520−37 답) 483
02 711,382,−,711−382,329 식) 711−382 답) 329
03 전체 꽃 수 = 327, 노란꽃 수 = 168
빨간꽃 = 전체 꽃 수 − 노란꽃 수이므로
327−168=159송이입니다. 식) 327−168 답) 159

46회(66p)

01 342 02 168 03 556 04 737 05 188
06 139 07 339 08 205 09 543 10 279
11 627 12 124 13 532 14 137 15 369

47회(67p)

01 264 02 261 03 387 04 267 05 259
06 88 07 456 08 156 09 239 10 411
11 270 12 325 13 172 14 845 15 159

48회(68p)

01 278 02 45 03 345 04 292 05 808
06 94 07 473 08 218 09 469 10 45
11 627 12 124 13 532 14 137 15 369

49회(69p)

01 192 02 108 03 179 04 289 05 366
06 436 07 279 08 671 09 166 10 477
11 229 12 637 13 228 14 287 15 195

50회(70p)

01 426,256,−,426−256,170 식) 426−256 답) 170
02 168,197,−,197−168,29 식) 197−168 답) 29
03 동화책 수 = 423, 위인전 수 = 379
동화책이 더 많은 수 = 동화책 수 − 위인전 수 이므로
423−379=44권입니다. 식) 423−379 답) 44

생각문제와 같이 글로된 문제를 풀때는 꼼꼼히 중요한 것을 적고, 깨끗이 순서대로 적으면서 푸는 연습을 합니다.
수학은 느낌으로 문제를 푸는 것이 아니라, 원리를 이용하여 차근차근 생각하면서 푸는 과목입니다.

51회(71p)

01 선분, 반직선, 직선

02

선분AB (선분BA)

반직선AB
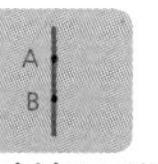
직선AB (직선BA)
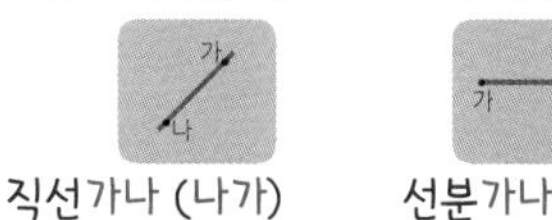
직선가나 (나가)
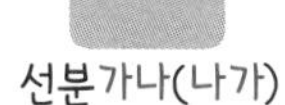
선분가나(나가)
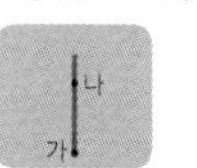
반직선가나

직선ㄱㄴ (ㄴㄱ)
반직선ㄴㄱ
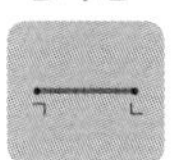
선분ㄱㄴ(ㄴㄱ)

03 각 04 직각

05
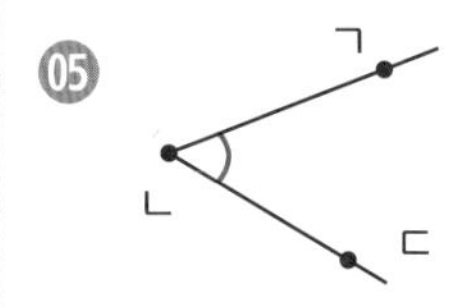

꼭짓점 : ㄴ
변 : 반직선ㄴㄱ,반직선ㄴㄷ (변ㄱㄴ,변ㄴㄷ)
각읽기 : 각ㄱㄴㄷ, (각ㄷㄴㄱ)

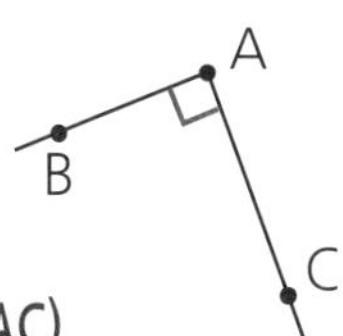

꼭짓점 : A
변 : 반직선AB,반직선AC(변AB,변AC)
각읽기 : 각CAB,각BAC (직각CAB,직각BAC)

52회(72p)

01 삼각형, 직각삼각형 02 직각

03

옆의 삼각형과 같이 직각이 있는 삼각형 3개를 그려 줍니다.
(방향은 바뀌어도 되고, 보기의 그림과 달라도 직각이 1개 있으면 직각삼각형입니다.)

04 사각형, 직각사각형, 정사각형

05
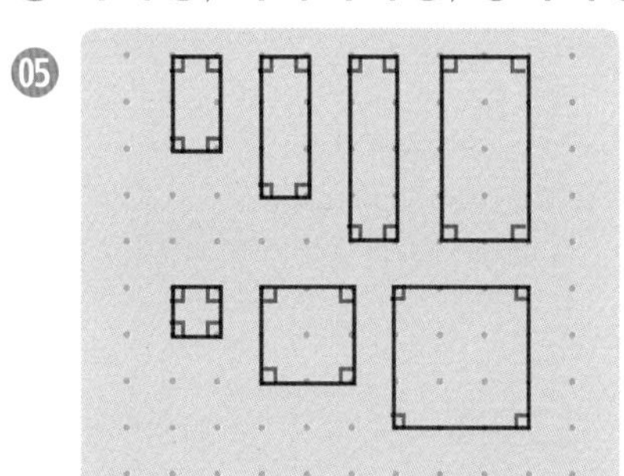
옆의 사각형과 같이 직각이 4개 있는 사각형 2개씩 그려 줍니다.
(정사각형도 직각사각형에 포함됩니다.)

53회(74p)

01

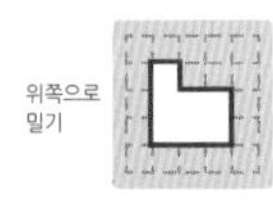

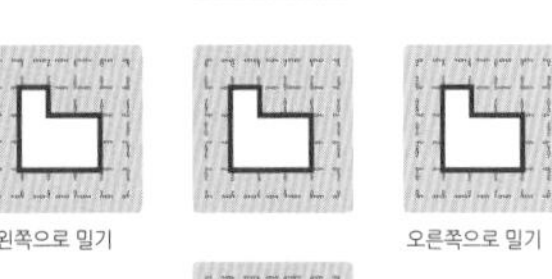

02

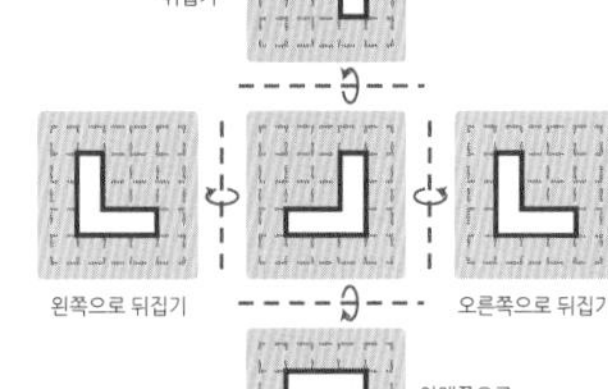

54회(75p)

01

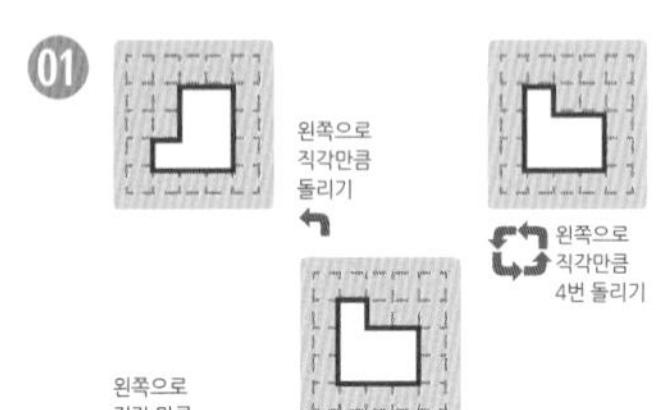

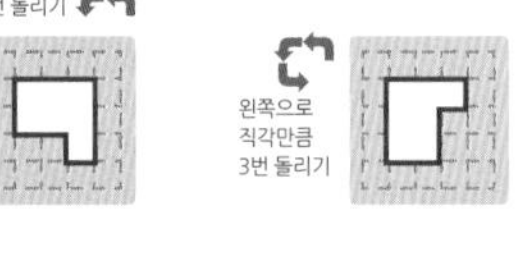

02

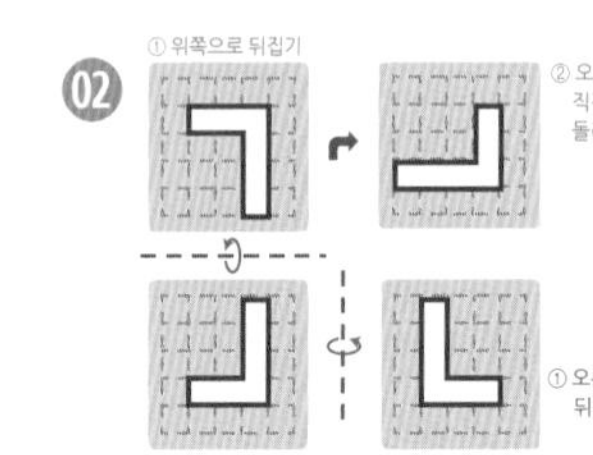

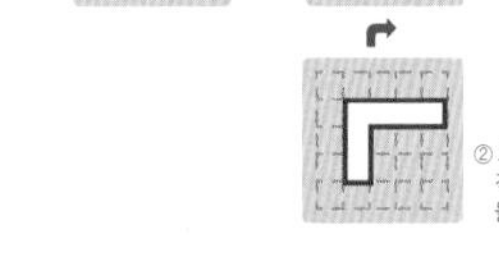

55회(76p)

01

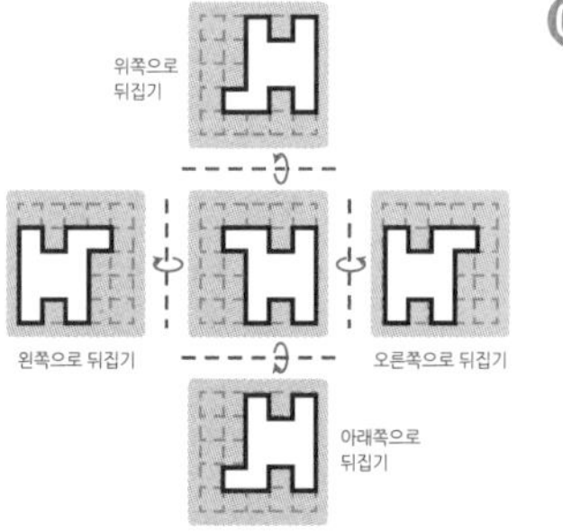

02

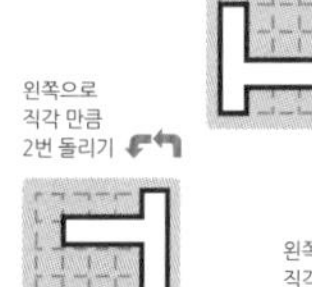

03

04

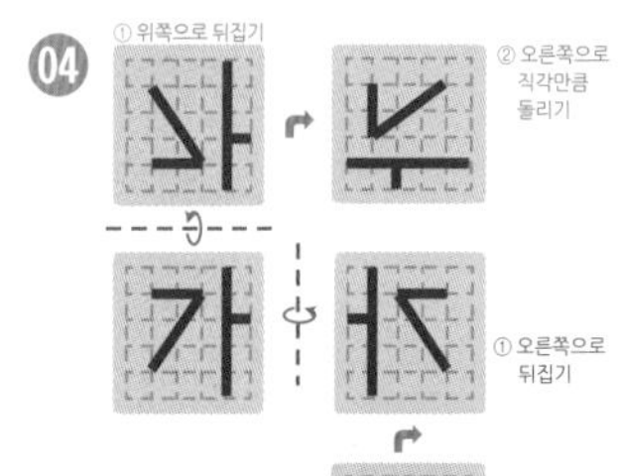

※ 쉬워서 다 아는 것도 복습을 하는 것이 아주 중요합니다.
복습을 하면 쉽게 잊어 먹지 않습니다.
오늘은 학교나 학원에서 수업한 것을 복습해 보는 건 어때요?

56회(78p)

01 4. ÷, 4, 나누기, 4, 4, 몫

02 4, 12÷3=4, 12 나누기 3은 4와 같습니다. 4, 몫

03 3. ÷, 3, 나누기, 3, 3, 몫

04 2, 10÷5=2, 10 나누기 5는 2와 같습니다. 2, 몫

57회(79p)

01 $8 \div 4 = 2, 8 \div 2 = 4$　02 $30 \div 6 = 5, 30 \div 5 = 6$

03 $21 \div 7 = 3, 21 \div 3 = 7$　04 $24 \div 4 = 6, 24 \div 6 = 4$

05 $6 \times 7 = 42, 7 \times 6 = 42$　06 $8 \times 9 = 72, 9 \times 8 = 72$

07 $3 \times 5 = 15, 5 \times 3 = 15$　08 $6 \times 4 = 24, 4 \times 6 = 24$

09 $12 \div 6 = 2$　10 $20 \div 5 = 4$　11 $24 \div 3 = 8$

12 $7 \times 8 = 56$　13 $5 \times 9 = 45$　14 $7 \times 4 = 28$

58회(80p)

01 3　02 5　03 2　04 4　05 6　06 3　07 6

08 8　09 3　10 6　11 9　12 4

59회(81p)

01 3　02 8　03 6　04 8　05 5　06 4　07 4　08 7

09 8　10 4　11 2　12 6　13 6　14 7　15 5　16 4

17 8　18 9　19 5　20 7　21 4

60회(82p)

01 9　02 6　03 5　04 4　05 3　06 7　07 8　08 5

09 5　10 9　11 9　12 7　13 7　14 9　15 5　16 8

17 4　18 3　19 5　20 9　21 2

※ 나눗셈을 잘 하려면 곱셈을 확실히 알아야 합니다.
곱셈구구를 지겹도록 연습한 이유를 알겠죠^^
지금 연습하고 있는 것도 나중에는 큰 도움이 됩니다.

61회(84p)

01 28,28 02 9,4,4,4 03 9
04 20 05 49 06 15 07 6 08 8

62회(85p)

01 56 02 36 03 15 04 54 05 42 06 12
07 8 08 7 09 6 10 4 11 8 12 6

63회(86p)

01 4 02 5 03 9 04 8
05 6 06 6 07 7 08 3 09 6
10 4 11 6 12 8 13 7 14 9

64회(87p)

01 3 02 9 03 2 04 6
05 8 06 7 07 3 08 5
09 4 10 8 11 6 12 4
13 4 14 3 15 7 16 8

65회(88p)

01 36, 6, ÷, 36÷6, 6 식) 36÷6 답) 6
02 32, 4, ÷, 32÷4, 8 식) 32÷4 답) 8
03 화분수 = 12개, 사람수 = 3명
1사람당 화분수 = 화분수 ÷ 사람수 이므로
식은 12÷3이고, 답은 4개입니다. 식) 12÷3 답) 4

※ 부지불식 일취월장 – 자신도 모르게 성장하고 발전한다.
꾸준히 무엇인가를 하다보면 어느 순간 달라진 나 자신을 발견하게 됩니다.
무엇이든 할 수 있다고 생각하고 꾸준히 노력하면,
잘하게 되고, 긍정적인 생각은 사람도 많이 따르게 됩니다.

66회(90p)

01 2,8,2,8 02 3,9,3,9 03 2,14,2,14
04 3,27,3,270 05 3,240
06 80 07 60 08 300 09 280 10 180
11 4 12 24 13 560 14 540 15 350

67회(91p)

01 2,8, 2,4, 2,48 02 2,6, 2,14, 2,146
03 3,3, 3,9, 3,93 04 3,24,249
05 39 06 128 07 108 08 205 09 248
10 84 11 84 12 189 13 288 14 153

68회(92p)

01 28 02 55 03 69 04 108 05 497
06 126 07 168 08 148 09 366 10 168
11 46 12 128 13 128 14 455 15 156
16 48 17 126 18 168 19 249 20 148

69회(93p)

01 2,10, 2,60, 2,70 02 2,16, 2,120, 2,136
03 3,12, 3,60, 3,72 04 4,200,224
05 72 06 224 07 581 08 552 09 370
10 92 11 76 12 336 13 294 14 195

70회(94p)

01 98 02 85 03 75 04 112 05 546
06 378 07 210 08 296 09 390 10 756
11 115 12 132 13 448 14 475 15 168
16 264 17 150 18 172 19 252 20 370

71회(96p)

01 18,40,58 02 15,30,45 03 10,50,60
04 21,60,81 05 16,60,76
06 18,60,78 07 35,50,85 08 16,60,76
09 10,80,90 10 18,40,58 11 28,40,68

72회(97p)

01 10,20,30 02 12,60,72 03 24,40,64
04 16,80,96 05 21,60,81 06 12,80,92
07 12,30,42 08 32,40,72 09 21,60,81
10 40,50,90 11 12,60,72 12 12,40,52
13 30,60,90 14 18,60,78 15 15,60,75

73회(98p)

01 20,120,140 02 18,120,138 03 10,300,310
04 42,120,162 05 12,200,212
06 14,420,434 07 12,100,112 08 15,400,415
09 28,490,518 10 24,360,384 11 72,160,232

74회(99p)

01 32,120,152 02 27,120,147 03 30,250,280
04 18,480,498 05 49,140,189 06 81,540,621
07 16,120,136 08 24,200,224 09 21,120,141
10 64,240,304 11 36,360,396 12 12,150,162
13 40,320,360 14 30,100,130 15 27,210,237

75회(100p)

01 532 02 312 03 252 04 392 05 228 06 90
07 171 08 255 09 147 10 270 11 648 12 340
13 504 14 156 15 265 16 632 17 78 18 504

76회(102p)

01 658 02 376 03 112 04 518
05 464 06 138 07 207 08 288
09 108 10 228 11 360 12 126
13 180 14 776 15 378 16 220

77회(103p)

01 440 02 105 03 198 04 158 05 115 06 255
07 104 08 558 09 32 10 372 11 52 12 188
13 318 14 395 15 60 16 528 17 48 18 340

78회(104p)

01 32, 4, ×, 32×4, 128 식) 32×4 답) 128
02 27, 6, ×, 27×6, 162 식) 27×6 답) 162
03 하루에 배우는 단어수 = 15개, 외운 일수 = 5일
배운 단어수 = 하루에 배우는 단어수 × 외운 일수 이므로
식은 15×5이고, 답은 75개입니다. 식) 15×5 답) 75

79회(105p)

01 3 02 5 03 7 04 9 05 8
06 8 07 2 08 7 09 8 10 5
11 9 12 6 13 5 14 6 15 3
16 3 17 7 18 5 19 7 20 8

80회(106p)

01 2 02 6 03 7 04 3 05 5 06 9
07 8 08 8 09 7 10 4 11 7 12 8
13 8 14 7 15 4 16 3 17 8 18 8

81회(108p)

01 4,20 02 5,45 03 7,21 04 2,16
05 8,32 06 4,24 07 4,20 08 4,28
09 7,35 10 6,54 11 3, 9 12 8,64

82회(109p)

01 2,12 02 9,18 03 2,14 04 2,10
05 8,56 06 5,10 07 6,36 08 8,32
09 6,12 10 9,45 11 7,42 12 6,18

83회(110p)

01 63,7 02 24,4 03 35,5 04 24,8
05 5,20 06 9,18 07 6,54 08 3,15
09 8,2 10 48,6 11 21,3 12 36,4

84회(111p)

01 8,32 02 4,28 03 7,35 04 8,48
05 6,18 06 5,30 07 4,0 08 5,35
09 9,18 10 7,7 11 7,35 12 9,36

85회(112p)

01 48 / 6 / 4 2
02 112 / 28 / 2 2
03 225 / 15 / 5 3
04 64 / 8 / 4 2
05 90 / 6 / 5 3
06 72 / 18 / 4 1
07 192 / 16 / 3 4
08 252 / 63 / 4 1

※ 이제 3학년 1학기 과정도 거의 끝나 갑니다.
앞으로는 시간/거리의 계산, 분수/소수의 개념을
공부하겠습니다.

86회(114p)

01 4,5,1 02 6,15,10 03 8,30,20
04 12,45,31 05 11,10,38 06 2,25,44
07 1,30,60,30,90 08 2,10,120,10,130
09 60,20,1,20,1,20 10 60,60,1,1,2

87회(115p)

01 3,50,3,50 02 3,40,3,40 03 4,30,4,30
04 4,50 05 6,20 06 6,40
07 5,52 08 9,25

88회(116p)

01 60,4,4 02 80,20,4,20 03 65,5,5
04 95,5,35 05 76,9,16

89회(117p)

01 1,20,1,20 02 2,20,2,20 03 3,10,3,10
04 3,30 05 4,10 06 6,35
07 1,16 08 5,23

90회(118p)

01 1,50,1,50 02 1,40,1,40 03 70,3,15
04 100,1,50 05 90,5,45

※ 초와 분은 60초, 60분이므로, 60을 받아올림하고
60을 받아내림하는 것만 정확히 알아도 계산할 수 있습니다.

91회(120p)

01 7,11,10 02 8,27,32 03 6,17,32
04 2,19,50 05 2,44,55 06 2,42,49

92회(121p)

02 cm, 10　03 10,1　04 밀리미터, 센티미터
05 5,1,5　06 3,13　07 1,3
08 3,7　09 2,9　10 47
11 64　12 53　13 밀리미터
14 센티미터

93회(122p)

01 6,3　02 7,7　03 4,1　04 9,1
05 4,8　06 5,8　07 3,4　08 2,8

94회(123p)

02 1000, 5　03 1000,100　04 킬로미터, 미터
05 250,1,250　06 310,1310　07 1,404
08 3,74　09 2,9　10 4754
11 6043　12 5003　13 미터
14 킬로미터

95회(124p)

01 7,200　02 8,205　03 4,430　04 7,256
05 3,700　06 4,750　07 1,550　08 2,639

96회(126p)

01 분수　02 위　03 분자　04 $\frac{2}{3}$, 3분의 2
05 5,3　06 $\frac{3}{4}$, 4분의 3
07 $\frac{1}{3}$, 3분의 1　08 $\frac{4}{5}$, 4
09　10 $\frac{3}{6}$,

97회(127p)

01 >　02 <　03 <　04 >　05 <
06 >　07 <　08 <　09 <　10 <

98회(128p)

01 소수　02 0.6, 영점 육　03 4, 14, 0.4
04 2.5　05 3, 0.3, 36, 삼점 육
06 $\frac{3}{10}$, 0.3, 영점 삼　07 5
08 4　09 21,2,1　10 14, 1.4

99회(129p)

01 >　02 <　03 >　04 >　05 <
06 >　07 <　08 >　09 <　10 <

100회(130p)

01 15, 5, 내것수, $\frac{5}{15}$　답) $\frac{5}{15}$
02 32, 12, 전체수, $\frac{12}{32}$　답) $\frac{12}{32}$
03 전체 일수 = 10일, 책 읽은 일수 = 5일

$$\text{분수} = \frac{\text{책읽은 일수}}{\text{전체일수}} = \frac{5}{10}$$

$$\text{분수} = \frac{5}{10} = 0.5$$

분수) $\frac{5}{10}$　소수) 0.5

이제 3학년 1학기 원리와 계산력 부분을 모두 배웠습니다.
이것을 바탕으로 서술형/사고력 문제도 자신있게 풀어보세요!!!
수고하셨습니다.

스스로 알아서 하는

하루 10분 수학

5단계(3학년 1학기) 총정리 8회분 정답지

101회(총정리1회, 133p)

01 822 02 794 03 914 04 728 05 726
06 864 07 614 08 992 09 393 10 700
11 913 12 984 13 991 14 500 15 510

102회(총정리2회, 134p)

01 859 02 860 03 726 04 737 05 705
06 877 07 942 08 715 09 520 10 870
11 663 12 542 13 800 14 475 15 505

103회(총정리3회, 135p)

01 492 02 175 03 275 04 375 05 180
06 248 07 325 08 155 09 94 10 468
11 341 12 216 13 377 14 376 15 144

104회(총정리4회, 136p)

01 173 02 171 03 793 04 98 05 137
06 409 07 239 08 286 09 235 10 284
11 179 12 78 13 348 14 698 15 166

105회(총정리5회, 137p)

01 280 02 336 03 612 04 219
05 170 06 485 07 147 08 384
09 132 10 57 11 294 12 280
13 552 14 498 15 140 16 279

106회(총정리6회, 138p)

01 132 02 175 03 194 04 245 05 366 06 672
07 78 08 588 09 156 10 513 11 195 12 56
13 152 14 455 15 376 16 268 17 185 18 675

107회(총정리7회, 139p)

01 6 02 2 03 9 04 8 05 4
06 9 07 9 08 7 09 2 10 5
11 3 12 6 13 5 14 4 15 7
16 9 17 7 18 8 19 2 20 7

108회(총정리8회, 140p)

01 5 02 7 03 9 04 6 05 4 06 7
07 6 08 6 09 5 10 8 11 7 12 4
13 9 14 5 15 7 16 7 17 8 18 2

단순사칙연산(덧셈, 뺄셈, 곱셈, 나눗셈)만 연습하기를 원하시면
WWW.OBOOK.KR의 자료실(연산엑셀파일)을 이용하세요.

MeMo

※ 단순사칙연산(덧셈,뺄셈,곱셈,나눗셈)만 연습하기를 원하시면
www.obook.kr의 자료실(연산엑셀파일)을 이용하세요.
연산만을 너무 많이 하면, 수학이 싫어지는 지름길입니다.
연산은 하루에 조금씩 꾸준히!!!

※ 하루 10분 수학을 다하고 다음에 할 것을 정할 때,
수학익힘책을 예습하거나, 복습하는 것을 추천합니다.
수학공부는 교과서, 익힘책, 하루10분수학으로 충분합니다.^^